零基础学
AI编程
（项目实战版）
DeepSeek + Cursor

罗 健◎著

电子工业出版社
Publishing House of Electronics Industry
北京·BEIJING

内容简介

本书是一本聚焦 Cursor 辅助开发的实战指南，深度剖析"DeepSeek + Cursor"双工具协同开发模式，系统地阐述如何通过自然语言交互实现从产品设计到开发落地的全流程。不同于传统编程教程，本书突破技术壁垒，覆盖"需求设计→AI 生成代码→调试及优化"的全流程，让零编程基础的学习者也能快速上手。

全书涵盖多个实战项目，全面展示 Cursor 在前端开发、后端开发、数据库管理等场景中的应用，以及 DeepSeek 在产品设计和规划中的应用。本书的核心章节深入解析自然语言交互、代码生成、版本控制等技术亮点，并引入 MCP 等前沿技术，展现人工智能（AI）如何重构开发流程。

书中所有【项目实战】均配有详细的操作步骤和代码解析，兼顾理论深度与实践价值，适合希望掌握 Cursor 编程的零编程基础的学习者、专业的开发人员，以及寻求效率提升的团队阅读。本书通过"工具使用 + 项目实战 + 原理解析"的三维架构，助力读者实现从新手到专家的能力提升。

未经许可，不得以任何方式复制或抄袭本书之部分或全部内容。
版权所有，侵权必究。

图书在版编目（CIP）数据

零基础学 AI 编程：DeepSeek+Cursor：项目实战版 / 罗健著. -- 北京：电子工业出版社，2025. 7. -- ISBN 978-7-121-50662-8

Ⅰ. TP18

中国国家版本馆 CIP 数据核字第 2025X1B113 号

责任编辑：董　英　　吴宏伟
印　　刷：天津嘉恒印务有限公司
装　　订：天津嘉恒印务有限公司
出版发行：电子工业出版社
　　　　　北京市海淀区万寿路 173 信箱　　邮编 100036
开　　本：720×1000　1/16　印张：13.25　字数：296.8 千字
版　　次：2025 年 7 月第 1 版
印　　次：2025 年 7 月第 1 次印刷
定　　价：79.00 元

凡所购买电子工业出版社图书有缺损问题，请向购买书店调换。若书店售缺，请与本社发行部联系，联系及邮购电话：（010）88254888，88258888。
质量投诉请发邮件至 zlts@phei.com.cn，盗版侵权举报请发邮件至 dbqq@phei.com.cn。
本书咨询联系方式：faq@phei.com.cn。

前言

在 AI 编程工具重构软件开发范式的今天，开发者无须精通 Python、Java、JavaScript 等的复杂语法，也不必手动编写成百上千行模板代码，只需用自然语言描述需求即可完成开发：

- DeepSeek 能够拆解用户需求，输出专业级的产品设计方案；
- Cursor 能够生成完整的前端页面、后端接口，甚至是数据库脚本。

这不仅是工具的迭代，更是开发思维的革命。

当 AI 承担了大部分的重复性工作时，开发者得以聚焦创意与逻辑，真正实现"所想即所得"。

然而，面对市面上碎片化的 AI 工具教程与孤立的技术案例，开发者有两个痛点：

（1）缺乏全流程实战经验。

虽然知道如何生成单个函数，但不懂如何串联需求分析、架构设计、调试部署的完整链路。

（2）技术断层难以跨越。

初学者困于环境搭建与错误排查，进阶者则缺乏企业级项目的架构设计与性能优化经验。

本书正是为解决这些痛点而生的。全书以"DeepSeek + Cursor"双工具为核心，通过多个实战项目覆盖"需求设计→AI 生成代码→调试及优化"的全流程。

本书既保留了传统开发的核心技术逻辑，又深度融入了 AI 工具的提效技巧，帮助读者构建 AI 辅助开发的系统化能力。

本书读者对象

1. 零编程基础的学习者

通过"一句话实现一个网站（个人摄影作品展示网站）""给网站增加更多功能"案例，跳过复杂语法的学习过程，直接掌握 AI 辅助开发的核心流程，快速建立技术信心。

2. 产品经理或管理岗位人员

通过 DeepSeek 的需求分析方法论，掌握产品需求分析、产品规划和产品原型设计，实现创意与开发的高效对接；通过 Cursor 自然语言编程，快速开发 MVP（最小可行产品），摆脱对开发团队的依赖，自主完成产品验证。

3. 想提高效率的开发者

学习如何通过 Cursor 的 Tab 自动补全、高质量提示词技巧、多轮对话提示词技巧，大幅压缩重复编码时间，聚焦业务逻辑设计，显著提高开发效率。

看完本书，你能得到什么

通过系统化的实战学习，读者将突破传统开发瓶颈，掌握"AI 辅助开发"的核心能力，从"工具的被动使用者"转变为"全流程的主动设计者"。以下是读者将收获的核心价值。

1. 掌握 AI 工具辅助开发，构建全链路开发能力

学会深度整合 DeepSeek、Cursor 及其他 AI 工具的优势，实现"需求设计→AI 生成代码→调试及优化"的全流程开发。

（1）利用 DeepSeek 落地创意。

通过用户调研、竞品分析、功能优先级排序等，将模糊的想法转化为技术可行的产品方案。

（2）利用 Cursor 快速落地代码。

利用 Cursor，用户无须记忆复杂语法，直接通过自然语言即可生成多种编程语言代码，再掌握代码解释、错误修复等技巧，可以大幅提高开发效率。

（3）利用其他 AI 工具协同提效。

借助 Readdy AI 生成可交互的高保真原型页面，Cursor 在此基础上进行开发，不仅

效率更高，UI 及交互效果也更出色；借助即梦 AI 生成 Logo 或配图，提高产品的整体美感。

2. 多个实战项目，精通全流程开发方法论

本书通过多个项目实战（涵盖小程序、网页小游戏、桌面应用和企业级应用）带领读者经历开发全周期，积累可复用的实战经验。

（1）需求分析。

例如，"卡路里"小程序的市场分析、产品定位及功能优先级排序。

（2）技术选型。

例如，"我爱背单词"桌面应用选择 PyQt 5 开发 UI，并使用 SQLite 存储数据等。

（3）代码实现。

几个项目实战都有完整的代码实现，读者可以复现项目中的代码实现过程。

（4）调试优化。

针对生成代码的兼容性问题（如浏览器适配、数据库连接报错等）提供具体解决方案。

3. 对零编程基础的学习者友好，提供从环境搭建到代码调试的保姆级指引

零编程基础的学习者能通过本书【项目实战】中的步骤，轻松实现"从 0 到 1"的突破。

（1）软件安装。

通过图解逐步完成 Python、Java 的环境配置，以及 IDEA、微信开发者工具的下载与初始化。书中附有完整的提示词，确保每一步都清晰易懂。

（2）项目目录解析。

对每个项目目录进行详细解析，帮助读者快速理解代码逻辑，彻底告别"面对复杂项目目录无从下手"的困境。

（3）错误排查。

针对常见的"JSON 格式错误""端口占用"等问题，提供 AI 辅助修复的具体提示词与操作流程，让读者轻松应对开发中的常见难题。

4. 技术深度进阶，建立从代码细节到系统架构的完整认识

本书摒弃"知其然，不知其所以然"的表面教学，通过"实战拆解 + 原理解析"，帮助读者建立从代码细节到系统架构的完整认知。

（1）基础语法与 AI 指令相结合。

在"一句话实现一个网站（个人摄影作品展示网站）"案例中，当 Cursor 生成 HTML、CSS 代码后，同步解析语义化标签（如标签<header>、<section>的结构意义）和事件监听原理，让读者不仅能够看懂代码逻辑，还能自主修改。

（2）企业级架构拆解。

以"社区超市"商城系统为例，详解企业级应用的开发过程、企业级开发平台的特点与优势，同时演示如何通过 Cursor 生成符合规范的 API。

5. 个性化学习路径，适配不同阶段的能力成长

无论读者是零编程基础的学习者还是专业的开发人员，还是寻求团队协作方案的技术负责人，本书都能通过定制化学习路径助力读者实现能力跃升。

（1）快速入门——适合零编程基础的学习者。

从第 4 章中的"一句话实现一个网站（个人摄影作品展示网站）"起步，了解"需求描述→Cursor 生成代码"的最简流程，重点掌握 Cursor 的 Agent 模式（一句话生成完整页面）和 Ask 模式（实时解释代码错误），快速建立 AI 编程的基础认知。

（2）进阶提升——适合专业的开发人员。

通过第 9 章中的"社区超市"商城系统，聚焦数据库设计、前后端分离架构、复杂业务逻辑。通过 Cursor 的多轮对话提示词技巧，深入理解如何用 AI 处理企业级开发中的需求。

（3）原理深挖——适合寻求团队协作方案的技术负责人。

通过第 7 章中的"坦克大战"小游戏，学习游戏主循环机制、碰撞检测原理；通过第 11 章的 MCP 实战，学习如何开发自定义 MCP 服务器，深入理解 AI 大模型与本地 MCP 服务器的通信机制。

写在最后，迎接 AI 辅助开发的新时代

AI 编程工具的出现，并非是为了替代开发者，而是为了重新定义"开发者"的核心竞争力——从"代码执行者"转变为"需求翻译官"与"技术架构师"。书中的每个项目、每段代码，都经过真实开发场景的验证，既保留了传统编程的核心逻辑，又融入了 AI 编程工具的提效精髓。AI 不是替代你的工具，而是延伸你能力的伙伴。

无论你是希望突破效率瓶颈的专业开发人员，还是零编程基础的学习者，本书都将成

为你掌握 AI 编程的钥匙。

  翻开本书，让我们在实战中见证：当创意遇见 AI 时，代码可以更简洁，开发可以更高效，技术落地可以更贴近想象。

  期待你在 AI 编程的世界里，不断探索、实践、创新。毕竟，最好的产品，永远是下一个即将诞生的创意。

罗健

2025 年 5 月

目录

第 1 篇　丝滑入门

第 1 章　认识 DeepSeek 和 Cursor 2

- 1.1　AI 编程概述 2
  - 1.1.1　AI 编程发展历程 2
  - 1.1.2　学 AI 编程难吗？零编程基础也能快速上手 4
- 1.2　为什么是 DeepSeek 和 Cursor 4
  - 1.2.1　DeepSeek 能帮我们设计产品：把想法变成可实现的方案 5
  - 1.2.2　Cursor 能帮我们高效开发产品 5
- 1.3　DeepSeek 对话技巧与最佳实践 6
  - 1.3.1　明确需求，精准提问 7
  - 1.3.2　多轮对话，逐步深入 7
  - 1.3.3　通过引导性问题拓展思路 7
  - 1.3.4　参考成功的产品案例，对比优化 8
- 1.4　Cursor 入门 8
  - 1.4.1　Cursor 简介与特点 8
  - 1.4.2　安装和注册 10
  - 1.4.3　让 Cursor 变为中文版 14

第 2 章　小白速补项目流程 16

- 2.1　速补项目开发流程 16
  - 2.1.1　明确需求：需求分析阶段 17
  - 2.1.2　细化实现方案：设计阶段 17
  - 2.1.3　实现功能模块：开发阶段 17
  - 2.1.4　保障产品质量：测试阶段 18

2.2 速补项目发布流程 18
　　2.2.1 网站发布流程 18
　　2.2.2 微信小程序发布流程 19
2.3 速补编程常用术语 20
　　2.3.1 理解 HTTP 和 HTTPS 20
　　2.3.2 认识 API 21
　　2.3.3 掌握 JSON 数据格式 21
　　2.3.4 理解 WebSocket 技术 21
　　2.3.5 区分前端和后端 21
　　2.3.6 认识数据库 21

第 3 章 小白速补产品设计——借助 DeepSeek 23

3.1 借助 DeepSeek 做产品需求分析 23
　　3.1.1 用户调研与分析 23
　　3.1.2 竞品分析 24
3.2 借助 DeepSeek 做产品规划 25
　　3.2.1 产品定位 25
　　3.2.2 功能规划 26
　　3.2.3 商业模式规划 27
3.3 借助 DeepSeek 设计产品原型 28
　　3.3.1 信息架构设计 28
　　3.3.2 交互流程设计 29
　　3.3.3 界面原型设计 29
3.4 产品设计还要用到哪些 AI 工具 30
　　3.4.1 生成页面原型：Readdy AI 30
　　3.4.2 生成 Logo 或配图：即梦 AI 32

第 2 篇　Cursor 之美

第 4 章 快速体验 Cursor 编程 36

4.1 案例：一句话实现一个网站（个人摄影作品展示网站） 36
　　4.1.1 具体实现过程 36
　　4.1.2 拆解网站文件 38

4.2 案例：给网站增加更多功能 41
4.2.1 增加灯箱效果 41
4.2.2 增加图片下载功能 42

4.3 体验 Cursor 的 4 种功能 43
4.3.1 Tab 自动补全加速代码输入 44
4.3.2 自然语言编程突破语法壁垒 46
4.3.3 代码解释 46
4.3.4 问题诊断 47

4.4 探索 Cursor 的 3 种工作模式 48
4.4.1 智能编程领航员：Agent 模式 48
4.4.2 智能答疑：Ask 模式 49
4.4.3 精准控制：Manual 模式 50

4.5 发布网站的全流程 52
4.5.1 获取网站网络标识：注册域名 52
4.5.2 给网站找家：选择服务器 52
4.5.3 合规必备流程：网站备案 53
4.5.4 部署网站：上传网站文件 53

第 5 章 提升 Cursor 开发效率与保障质量 54

5.1 让 Cursor 更懂开发者 54
5.1.1 规范 Cursor 的代码生成行为：定制专属规则 54
5.1.2 精准控制 Cursor 的文件扫描范围：使用 cursorignore 58
5.1.3 指定要扫描的文件或目录：使用 @Files&folders 59
5.1.4 高效访问文档资源：使用 @Docs 访问在线文档与
自定义知识库 61

5.2 怎么规避开发风险 63
5.2.1 谨慎使用 Accept all（全部接受） 63
5.2.2 使用 Git 管理代码版本 64
5.2.3 生成项目说明文档 68
5.2.4 让 Cursor "自我反思" 70

5.3 高质量提示词技巧 71
5.3.1 清晰定义目标：避免模糊的需求描述 71
5.3.2 提供充足的上下文：减少 AI 猜测 72

5.3.3　构建结构化的提示词：引导 AI 准确生成代码 72
　5.4　多轮对话提示词技巧 73
　　　5.4.1　选择技术方案 73
　　　5.4.2　完善方案细节 74
　　　5.4.3　根据方案生成代码 74
　　　5.4.4　验证及优化代码 75

第 3 篇　项目实战——
小程序、网页小游戏、桌面应用、企业级应用

第 6 章　【项目实战】智能识别食物热量的小程序"卡路里" 78
　6.1　预览小程序 78
　　　6.1.1　图解核心功能 78
　　　6.1.2　技术亮点：拍照识别、营养可视化、极简交互设计 79
　6.2　利用 DeepSeek 设计"卡路里"小程序 79
　　　6.2.1　需求分析 79
　　　6.2.2　产品规划 82
　　　6.2.3　设计高保真原型方案 84
　　　6.2.4　生成高保真原型 85
　6.3　开发小程序前的准备 87
　　　6.3.1　注册小程序 87
　　　6.3.2　备案与认证 89
　　　6.3.3　下载和安装小程序开发工具 90
　　　6.3.4　准备大模型接口 91
　6.4　借助 Cursor 开发小程序 95
　　　6.4.1　创建小程序项目 95
　　　6.4.2　详解项目目录，以便更好地理解代码 96
　　　6.4.3　准备开发文档 97
　　　6.4.4　生成拍照识别页面 99
　　　6.4.5　处理异常 100
　　　6.4.6　生成 AI 对接功能 102
　　　6.4.7　发布小程序 103

第 7 章 【项目实战】本地网页小游戏"坦克大战" 105

7.1 预览小游戏 105
7.1.1 图解核心玩法 105
7.1.2 预览关卡 106

7.2 开发准备 106
7.2.1 创建资源目录以存放素材 106
7.2.2 利用 3 个网站下载素材 107
7.2.3 利用即梦 AI 生成图片 108

7.3 利用 Cursor 开发小游戏 108
7.3.1 生成游戏首页 108
7.3.2 生成游戏页 109
7.3.3 详解项目目录，以便更好地理解代码 111
7.3.4 生成其他页 112

7.4 游戏开发的基础知识 114
7.4.1 解析游戏的主循环和状态管理 114
7.4.2 解析碰撞检测 115
7.4.3 解析得分系统 116

7.5 拓展提高 117
7.5.1 让敌方坦克自动追踪玩家坦克 117
7.5.2 增加坦克特殊技能 118

第 8 章 【项目实战】桌面应用"我爱背单词" 120

8.1 预览桌面应用 120
8.1.1 图解核心功能 120
8.1.2 技术亮点：AI 语音互动和个性化学习 121

8.2 开发桌面应用前的准备 122
8.2.1 安装 Python 122
8.2.2 准备开发文档 123
8.2.3 下载词库 123

8.3 利用 Cursor 开发"我爱背单词"桌面应用 124
8.3.1 生成界面 124
8.3.2 详解项目目录，以便更好地理解代码 125

8.3.3 启动桌面应用 126
8.3.4 生成导入词库功能 127
8.3.5 生成学习功能 128
8.3.6 开发听写功能 129
8.4 掌握桌面应用的关键技术 130
8.4.1 让 Cursor 解释关键技术 130
8.4.2 构建桌面交互界面的基石：PyQt 5 131
8.4.3 管理本地数据的利器：SQLite 132
8.4.4 分析数据的得力助手：Pandas 133
8.4.5 实现单词朗读的关键：gTTS 134

第9章 【项目实战】企业级应用——"社区超市"商城系统 135

9.1 预览商城系统 135
9.1.1 图解核心功能 135
9.1.2 技术亮点：企业级技术栈 136
9.2 开发环境准备 137
9.2.1 选择开发语言 137
9.2.2 下载基础开发平台 138
9.2.3 准备 Java 环境 139
9.2.4 准备 MySQL 数据库环境 141
9.2.5 初始化数据库 144
9.2.6 安装 Redis 145
9.2.7 安装 Node.js 147
9.3 Cursor 开发应用 147
9.3.1 运行基础平台 147
9.3.2 生成"商品管理"功能 149
9.3.3 生成"超市首页" 153
9.3.4 详解项目目录，以便更好地理解代码 155
9.3.5 创建面向客户的用户体系 156
9.3.6 生成"购物车"功能 158
9.3.7 生成模拟支付流程 159
9.3.8 生成"订单管理"功能 161
9.4 拓展提高 162

9.4.1 学习什么是事务 162
9.4.2 掌握如何防范 SQL 注入 163
9.4.3 学习数据库优化 164

第 4 篇 迈向高手

第 10 章 Cursor 不仅能编程 168

10.1 解读开源项目 168
10.1.1 入门级项目：Free Python Games 168
10.1.2 进阶级项目：FastAPI 175

10.2 处理数据 177
10.2.1 案例：处理电商订单数据 177
10.2.2 案例：销售数据统计分析 179

10.3 写作 181
10.3.1 生成标题 182
10.3.2 生成和迭代大纲 182
10.3.3 生成内容 183

第 11 章 MCP——AI 时代的万物互联 186

11.1 了解 MCP 的概念和优势 186
11.1.1 优势一：丰富的生态体系 187
11.1.2 优势二：可以灵活切换模型供应商 187
11.1.3 优势三：可以保障数据安全 187

11.2 MCP 工作原理 188
11.2.1 一张图看懂 MCP 的架构 188
11.2.2 大模型与 MCP 服务器之间的工作流程 189

11.3 快速上手：MCP 服务器的安装与实战 190
11.3.1 一站式安装 MCP 服务器：以 Smithery 平台为例 190
11.3.2 案例：生成目录报告 193

11.4 开发自己的 MCP 服务器 195
11.4.1 快速开发 MCP 服务器 195
11.4.2 部署与配置 MCP 服务器 196
11.4.3 自然语言调用实战 197

第 1 篇

丝滑入门

第 1 章
认识 DeepSeek 和 Cursor

1.1 AI 编程概述

面对编程语言的各种语法规则,你是否曾想过:"要是不用学复杂的代码,也能做出自己想要的软件就好了!"例如,给自己做一个个人网站、做一个每天记录饮食的小程序,甚至是小时候玩的"坦克大战"小游戏。

现在,AI 编程就能让你的想法变成现实——不需要懂编程语言,只要会"说话",AI 就能帮你生成软件!

1.1.1 AI 编程发展历程

传统编程就像跟电脑说外语,你得记住 Python、Java、JavaScript 等编程语言的语法规则,例如开发一个简单的 HTML5 页面,页面中包含一个按钮,单击该按钮会弹出"欢迎使用"的提示。实现这样一个最简单的页面,要写几十行代码:

```
<!DOCTYPE html>
<html lang="zh-CN">
<head>
    <meta charset="UTF-8">
    <meta name="viewport" content="width=device-width, initial-scale=1.0">
    <title>欢迎页面</title>

</head>
<body>
    <button class="welcome-button" onclick="showWelcome()">单击这里</button>
```

```html
    <script>
        function showWelcome() {
            alert('欢迎使用！');
        }
    </script>
</body>
</html>
```

随着技术的发展，AI 编程工具逐渐改变了这一现状。以下是 AI 编程发展的 3 个重要阶段。

阶段 1：代码自动补全

为了提高开发效率，出现了很多代码补全工具。这些工具能实现类似于智能输入法的联想功能。例如，在开发上面的例子时，你输入了一个<script>，自动补全工具就会在后面补充</script>，输入"f"，就会将其自动补全为"function"。

在这个阶段，工具只是帮助程序员提效，使用者需要具备一定的编程基础。对于新手来说，帮助比较有限。

阶段 2：自然语言生成函数

2021 年，GitHub Copilot 一经推出，就引起了大批程序员的关注。它不再是一个简单的代码补全工具，而是可以根据注释内容生成整个函数。注释内容只需用自然语言描述功能或需求即可。例如，你在代码中先写一行注释"// 用快速排序的方法给数组排序"，然后按下 Tab 键，就能得到一个快速排序的函数：

```javascript
// 用快速排序的方法给数组排序
function quickSort(arr) {
    if (arr.length <= 1) {
        return arr;
    }
    var pivot = arr[0];
    var left = [];
    var right = [];
    for (var i = 1; i < arr.length; i++) {
        if (arr[i] < pivot) {
            left.push(arr[i]);
        } else {
            right.push(arr[i]);
        }
    }
    return quickSort(left).concat(pivot, quickSort(right));
}
```

在这个阶段，关键的突破在于可以使用自然语言描述需求，由 AI 生成相应的函数或代码块。这大幅提高了开发效率，但仍然主要服务于程序员，对于非程序员来说，编程仍然是一项高技术门槛的工作。

阶段 3：全流程对话式开发

如今，AI 编程工具（如 Cursor、Windsurf、通义灵码、TRAE）的代码生成能力有了质的飞跃，它们不再局限于生成一小段代码或一个简单的函数，而是可以一次性生成一个页面或几个页面，真正实现了使用自然语言开发一个完整应用。

例如，你只需用日常口语告诉 AI 编程工具："生成一个 HTML5 版的页面，页面上有一个按钮，单击后弹出'欢迎使用'。"AI 编程工具就会自动生成一个完整的页面。

从代码自动补全到自然语言生成函数再到全流程对话式开发，AI 编程的发展就是让工具越来越懂你的过程。

1.1.2 学 AI 编程难吗？零编程基础也能快速上手

你是否还在担心学不会 AI 编程？别担心，AI 编程的学习逻辑和传统编程完全不同。你只需学会如何清晰描述需求，例如把"做一个登录功能"拆解为"做一个登录功能，页面上有用户名输入框、密码输入框、登录按钮，单击登录按钮后验证账号和密码"。

通过实际项目（比如开发一个计算器），在实践中理解"功能→代码→实现"的逻辑，就像玩积木一样拼出自己的软件。当你输入需求时，工具会自动提示可能的功能选项（比如"是否需要对接数据库？""是否需要生成手机端适配界面？"），根据提示逐步操作即可。

从此告别背语法、查文档，直接用口语描述需求。原本写 100 行代码的时间，现在只需说一句话。不管是学生、产品经理，还是其他岗位的上班族，都能轻松上手。

1.2 为什么是 DeepSeek 和 Cursor

现在有很多 AI 编程工具，为什么我们要选择 Cursor 和 DeepSeek 这两款工具呢？因为它们就像开发路上的"最佳拍档"：

- DeepSeek 擅长"想清楚做什么"，帮你规划产品，把模糊的创意变成可落地的设计方案。
- Cursor 擅长"快速实现怎么做"，帮你生成代码，把设计好的方案开发和实现出来。

二者结合，能让零基础的你轻松走完"需求设计→开发落地→上线发布"的完整流程，真正实现"所想即所得"。

1.2.1　DeepSeek 能帮我们设计产品：把想法变成可实现的方案

如果你只有一个简单的想法，比如"我想做一个个人网站，展示我的设计作品"，却不知道从哪里开始规划，DeepSeek 就是你的免费产品经理。你只需将这个想法告诉 DeepSeek，它就会通过深度思考来拆解你的需求。从战略定位、专业视觉架构、技术实现方案到内容运营体系等多个方面，DeepSeek 都能帮你进行全面的规划和设计，如图 1-1 所示。

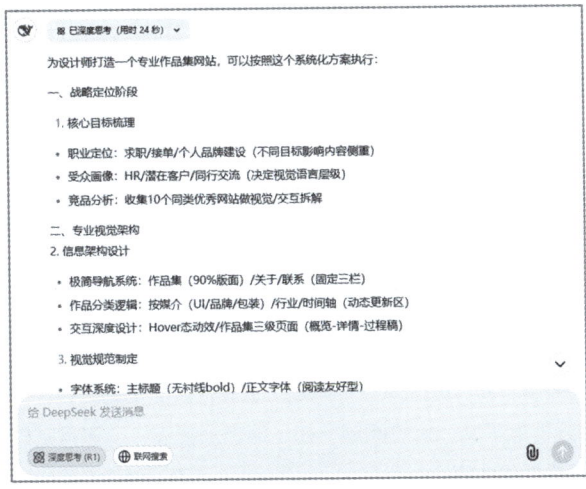

图 1-1

如果你觉得还不够，比如你还想要一个详细的开发计划表，也可以直接对 DeepSeek 说："帮我制订这个网站的开发计划表。"它会根据之前生成的内容，为你量身定制开发计划。如果 DeepSeek 生成的设计与你的预期有所不同，你可以随时让它按照你的想法进行修改。

1.2.2　Cursor 能帮我们高效开发产品

如果说 DeepSeek 解决了"想清楚做什么"的问题，那么 Cursor 则专注"如何快速实现"。Cursor 既是代码编辑器，也是一个能理解自然语言的"智能编程助手"。

> **提示**　即使你完全不懂 HTML、CSS、JavaScript，也能通过对话让 Cursor 为你生成代码、调试程序，甚至完成复杂的功能开发。

我们之所以选择 Cursor，主要是它有以下三大核心优势。

1. 无缝兼容 VSCode 生态，新手也能快速上手

Cursor 本质上是 VSCode 的"AI 增强版"，支持一键迁移 VSCode 的插件、主题、快捷键和配置文件等。如果你用过 VSCode，那你可以直接无缝切换；即使是新手，也能快速适应 Cursor 的界面——左侧是熟悉的文件目录，右侧是代码编辑区，还有一个直观的输入框，这便是与 AI 对话的入口。这种轻量化设计让我们无须额外学习，便可直接专注功能的实现。

2. 支持多种大模型，助力复杂功能一句话搞定

Cursor 支持 Claude 3.5 和 Claude 3.7 等多种大模型，同时支持推理模式。

- **简单需求**：选择 Claude 3.5 大模型，生成速度更快。
- **复杂需求**：使用 Claude 3.7 大模型，自动拆解需求并生成多个代码文件。例如，要实现登录功能，你只需说："做一个登录功能，页面上有用户名输入框、密码输入框、登录按钮，单击登录按钮后验证账号和密码。"Cursor 会自动拆解出前后端的需求，自动生成包含前端、后端、数据库脚本等的完整代码，并提示如何配置数据库、创建数据库表等操作。

3. 智能调试与代码优化，实时解决报错难题

新手最害怕的"代码报错"，在 Cursor 中可以轻松解决。

当程序运行出现错误（如"数据库连接失败"）时，只需复制报错代码并输入"修复这个错误"，Cursor 会分析上下文、定位问题（如"端口号错误""账号密码错误"等），并提供修改建议，甚至直接生成修复后的代码。

若对生成的代码风格不满意（如"希望使用更简洁的 ES6 语法"），则可直接输入指令"优化这段代码，使用箭头函数和模板字符串"，Cursor 会自动重构代码，同时保持功能不变。

这种对话式调试让我们无须死记硬背 API 文档或错误代码，而是可以专注逻辑优化。

1.3 DeepSeek 对话技巧与最佳实践

在使用 DeepSeek 进行产品设计的过程中，掌握有效的对话技巧和最佳实践，能够让我们更高效地获取所需信息，提高设计的质量与效率。这就如同与一位经验丰富的产品专家交流，沟通方式越得当，收获就越丰富。

1.3.1 明确需求，精准提问

在与 DeepSeek 对话时，清晰、明确地表达自己的需求是关键。避免模糊不清的表述，尽量将问题细化。

比如，当你想要设计一款电商 App 时，不要只说"帮我设计一个电商 App"，这种表述过于宽泛，DeepSeek 可能难以准确理解你的意图。你可以这样提问："我想设计一款面向年轻女性的时尚电商 App，目标用户注重个性化推荐和社交互动功能，帮我规划一下首页的布局和主要功能模块。"这样详细的描述能让 DeepSeek 更好地理解你的需求，给出更贴合你期望的设计方案。

> **提示** 在阐述需求时，还可以列举一些具体的例子来辅助说明。比如："我希望 App 的搜索功能像淘宝 App 里的那样，有热门搜索推荐，并且在用户输入关键词时能实时显示相关商品。"通过这种方式，DeepSeek 能更直观地了解你对功能的期望，从而提供更精准的设计建议。

1.3.2 多轮对话，逐步深入

产品设计是一个复杂的过程，很难通过一次对话就完成所有设计。多轮对话是深入挖掘需求、完善设计的有效方式。

在第一轮对话中，你可以先确定产品的大致方向和核心功能。例如，对于一款在线教育 App，通过第一轮对话就可以确定课程分类、用户的注册和登录等基本功能。

随着对话的推进，逐步深入细节部分。比如，在确定了课程分类后，下一轮对话可以聚焦在每个课程详情页的设计上，包括课程介绍、讲师信息、学员评价等板块的布局和内容展示方式。

> **提示** 在对话过程中，根据 DeepSeek 给出的建议，不断调整和完善自己的需求。如果你没有考虑到 DeepSeek 提出的某个功能或设计点，并且觉得该功能或设计点很有价值，则可以及时将其融入后续的设计中。

多轮对话也有助于发现潜在的问题和需求。比如，在设计电商 App 的购物车功能时，经过多轮对话，可能会发现需要增加商品批量删除、价格计算准确性验证等功能，这些细节在一开始可能会被忽略，但通过逐步深入的对话可以被挖掘出来。

1.3.3 通过引导性问题拓展思路

DeepSeek 具有强大的知识储备和设计能力，但有时需要我们通过引导性问题来激发它的思维。引导性问题可以帮助我们从不同角度思考产品的设计，发现新的可能性。

例如，在设计一款健身 App 时，除了常规的展示健身课程和制订训练计划功能，你可以问："有没有一些创新的方式可以提升用户对健身的长期兴趣？比如结合社交元素或者游戏化设计。"

这种引导性问题能让 DeepSeek 从创新的角度给出建议，可能会提到设置健身挑战、用户之间的健身竞赛、虚拟奖励系统等新颖的功能。这些建议可以为产品设计带来灵感，使产品在市场上更具竞争力。

另外，在设计用户界面时，也可以通过引导性问题获得更多的设计灵感。例如，"对于简约风格的音乐播放 App 界面，有哪些独特的色彩搭配和图标设计可以提升用户体验？"DeepSeek 可能会推荐一些流行的色彩组合和简单而富有创意的图标设计，帮助你打造出与众不同的产品界面。

1.3.4 参考成功的产品案例，对比优化

在与 DeepSeek 对话时，参考一些成功的产品案例是很有帮助的。例如，当你想做一款短视频 App 时，你可以向 DeepSeek 提及类似产品的优点，让它借鉴这些经验进行设计，向 DeepSeek 提问："我很喜欢抖音和快手的视频推荐算法和用户互动方式，在设计我们的短视频 App 时，如何借鉴抖音和快手的优点并做出差异化？"

DeepSeek 会根据你提供的产品案例，分析案例产品的优势，并结合你的产品的特点，给出相应的设计建议。同时，通过对比案例，你可以更好地理解各种设计方案的优缺点，从而对 DeepSeek 给出的设计进行优化。比如，对比抖音和快手的界面设计，分析二者在内容展示、操作流程等方面的差异，思考如何将这些差异应用到自己的产品设计中，以满足不同用户群体的需求。

参考案例还可以帮助你在对话中更准确地表达自己的需求。当你提到某个案例的某个具体功能时，DeepSeek 能更清晰地理解你想要的效果，从而提供更符合你期望的设计。

1.4 Cursor 入门

1.4.1 Cursor 简介与特点

Cursor 是一款 AI 编程工具，深度融合了 AI 技术的先进代码编辑工具。它由 Anysphere 开发，基于广受欢迎的 VSCode 进行深度定制，这意味着它既保留了 VSCode 强大的功能和熟悉的操作界面，又在此基础上集成了强大的 AI 能力，为我们带来了前所未有的编程体验。

> **提示** 无论是经验丰富的专业开发者，还是刚刚踏入编程领域的新手，都能借助 Cursor 更高效地完成代码编写、调试和项目开发等工作。

1. 自然语言交互

Cursor 最显著的特点之一就是支持自然语言交互。

传统的编程方式需要我们熟悉各种编程语言的语法规则，手动输入大量代码。而在 Cursor 中，我们只需使用自然语言描述需求，比如"创建一个 Python 函数，用于计算两个数的和"，Cursor 就能快速理解并自动生成相应的代码。

这种交互方式大幅降低了编程的门槛，让即使没有深厚编程基础的人也能轻松实现自己的想法，同时极大地提高了开发效率，节省了时间和精力。

2. 代码生成与补全能力强大

Cursor 的 AI 引擎具备出色的代码生成和补全功能。

它不仅可以根据自然语言指令生成完整的代码片段，还能在我们编写代码的过程中实时提供补全建议。当你输入部分代码时，Cursor 会根据上下文和常见的编程模式，智能地预测你接下来可能要输入的内容，并给出相应的补全选项。

这些生成和补全的代码质量高，符合编程规范，能够有效减少我们的错误和重复劳动。例如，在编写一个 Web 应用的后端接口时，Cursor 可以快速生成包含路由、请求处理和数据库交互等功能的完整代码框架。

3. 智能调试与错误修复

调试代码是开发过程中最耗时且容易让人头疼的环节之一。Cursor 在这方面提供了强大的支持，它能够自动检测代码中的错误，并给出详细的错误提示和修复建议。

当代码运行出现错误时，你只需将错误信息反馈给 Cursor，它会分析问题的根源，并提供可能的解决方案。甚至在某些情况下，它可以直接修改代码来修复错误。这种智能调试功能大大缩短了调试时间，让我们能够更快地解决问题，推动项目顺利推进。

4. 无缝集成 VSCode 生态

由于 Cursor 基于 VSCode 定制，因此它可以无缝集成 VSCode 丰富的插件生态系统。

开发者可以继续使用熟悉的 VSCode 插件，如代码格式化工具、版本控制工具等，同时还能享受到 Cursor 带来的 AI 增强功能。这使我们在从 VSCode 迁移到 Cursor 时几乎没有学习成本，能够快速适应并充分发挥其优势。

> **提示** Cursor 还保留了 VSCode 的快捷键和操作习惯，让我们可以像在 VSCode 中一样自如地进行代码编辑。

5. 多语言支持

Cursor 支持多种主流编程语言，包括 Python、Java、JavaScript、C++等。无论你是从事 Web 开发、数据科学、人工智能，还是移动应用开发等不同领域的工作，都可以使用 Cursor 来满足你的编程需求。它能够根据不同编程语言的特点和语法规则，提供准确的代码生成和编辑支持，为我们提供了一个统一的开发环境。

1.4.2 安装和注册

1. 安装

（1）登录 Cursor 官网，Cursor 支持 Windows、macOS、Linux 操作系统，首页中央的下载按钮会自动识别电脑的操作系统，我们只要单击该按钮即可下载相应的软件版本，如图 1-2 所示。

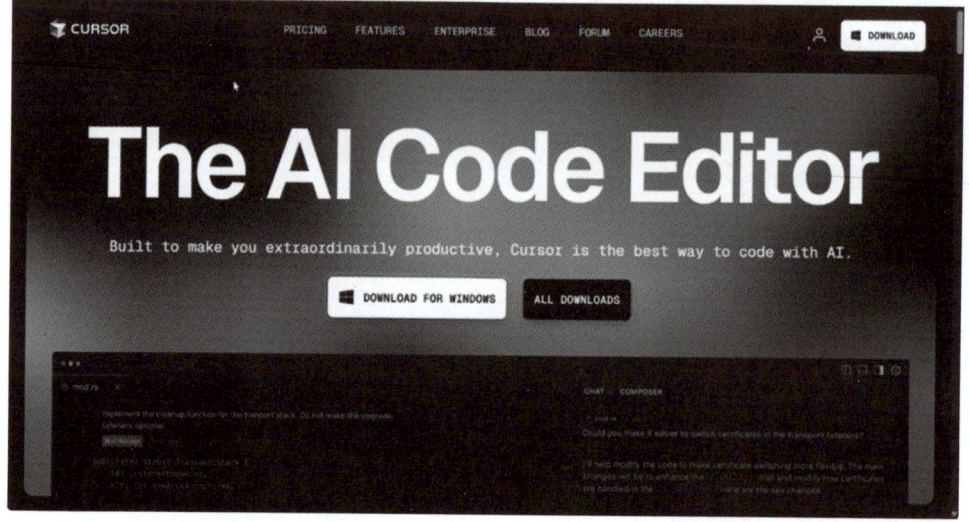

图 1-2

（2）下载完成后进行安装，选中【我同意此协议】单选按钮，单击【下一步】按钮。后续的操作都保持默认选项不变即可。

（3）安装完成后的 Cursor 界面如图 1-3 所示。

第 1 章　认识 DeepSeek 和 Cursor | 11

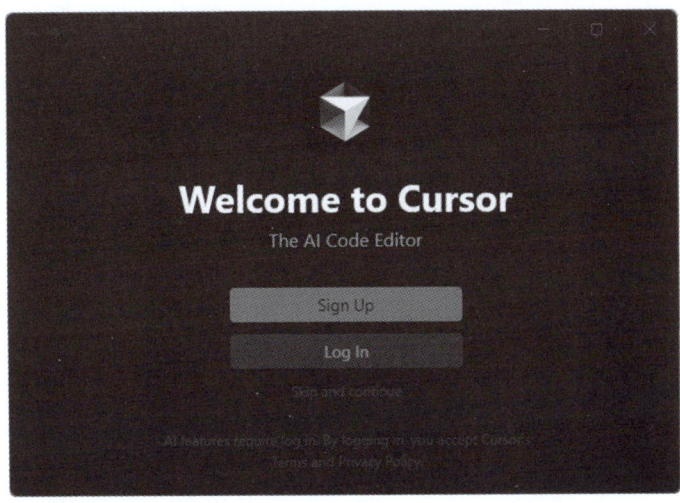

图 1-3

2. 注册

（1）在如图 1-3 所示的界面中，如果已有账号，则单击【Log In】按钮进行登录。如果没有账号，则单击【Sign Up】按钮进行注册。下面演示注册过程。

（2）进入注册页面，如图 1-4 所示，输入姓名和邮箱，然后单击【Continue】按钮。

（3）进入如图 1-5 所示的界面，输入密码，然后单击【Continue】按钮。

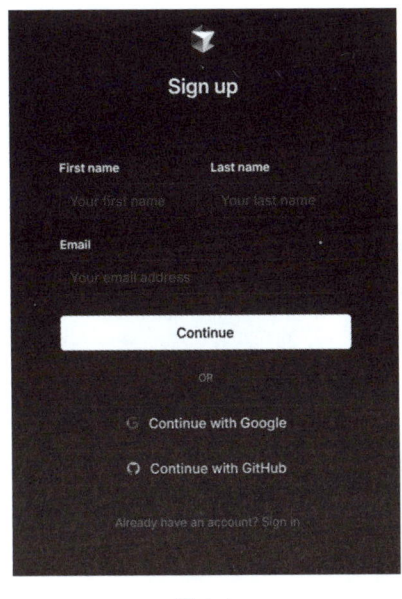
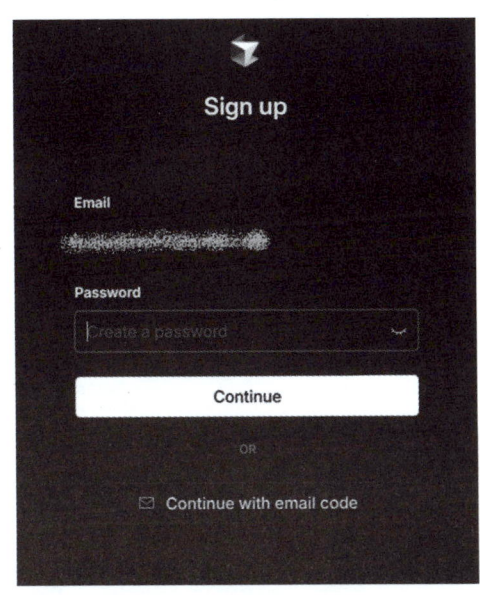

图 1-4　　　　　　　　　　图 1-5

（4）注册完成之后显示如图 1-6 所示的界面，单击【YES,LOG IN】按钮。

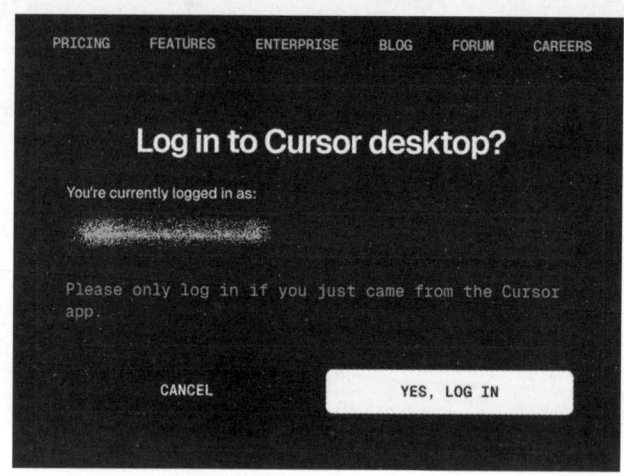

图 1-6

（5）自动跳转到 Cursor 客户端。有时注册之后并不能自动跳转到 Cursor 客户端，此时，只需在 Cursor 客户端再次单击【Log In】按钮，待系统自动打开浏览器并跳转到登录确认页面时，再次单击【YES,LOG IN】按钮，Cursor 客户端就登录成功了。

（6）登录成功之后，进入主题选择页面，单击【Explore other themes】可以选择自己喜欢的主题，如图 1-7 所示。

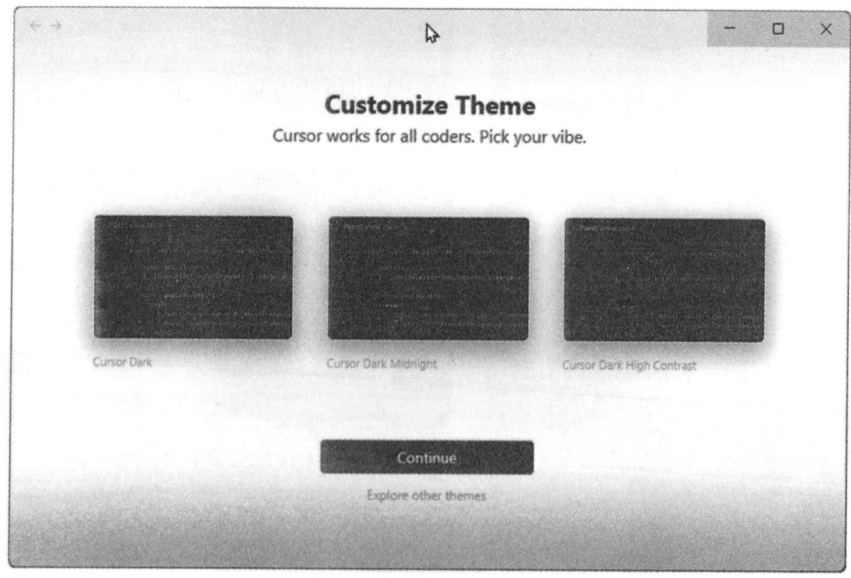

图 1-7

（7）后续使用默认设置，直接单击【Continue】按钮即可。

> **提示** 在设置过程中可以选择 AI 大模型使用的语言，我们可以选择简体中文[Chinese(Simplified)]，如图 1-8 所示，这样在后续使用过程中 AI 大模型就会以中文回复我们。

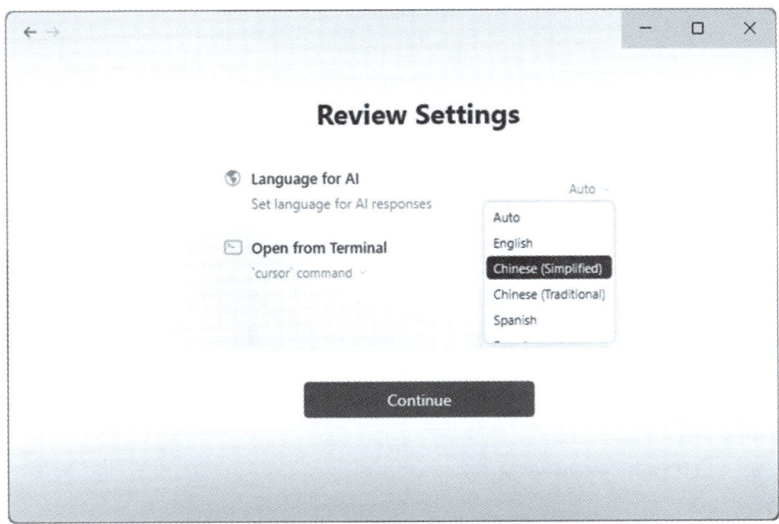

图 1-8

（8）登录并初始化完成之后，可以看到如图 1-9 所示的界面。

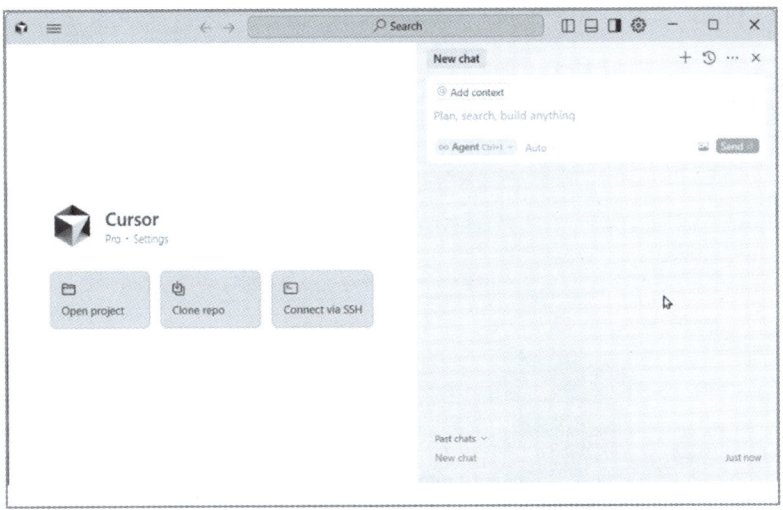

图 1-9

此时还需要一个文件夹。可以在电脑上创建一个文件夹，例如创建一个名为"HELLO"的文件夹，然后在 Cursor 客户端单击【Open project】按钮打开这个文件夹，在 Cursor 客户端的左侧就会显示这个"HELLO"文件夹，如图 1-10 所示。

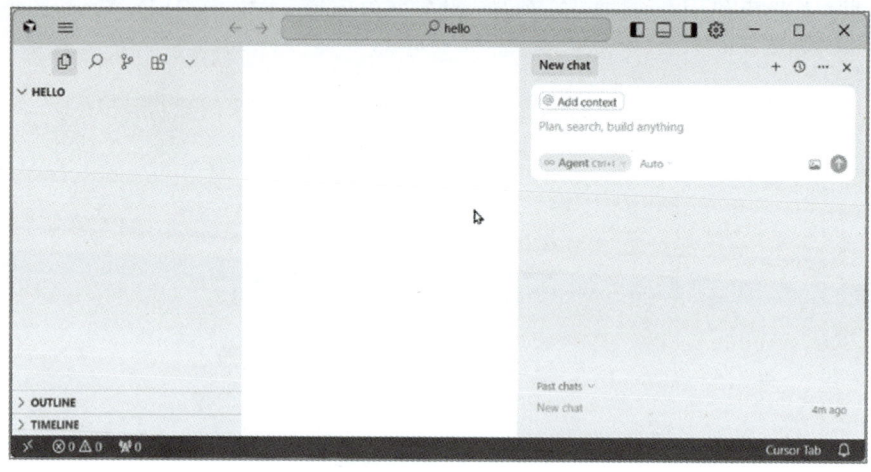

图 1-10

1.4.3 让 Cursor 变为中文版

在 1.4.2 节中，我们给 AI 选择了简体中文语言，但你会发现，Cursor 的菜单和功能按钮名称还是英文的。这是因为 1.4.2 节中选择的语言只是 AI 大模型和我们对话的语言，并没有改变 Cursor 菜单和功能界面的语言。

要将 Cursor 菜单和功能界面改为简体中文的，安装一个插件即可实现。

（1）单击【插件】选项卡，进入插件功能页面，搜索"简体中文"，在插件市场中找到带有地球仪图标的插件并进行安装，如图 1-11 所示。

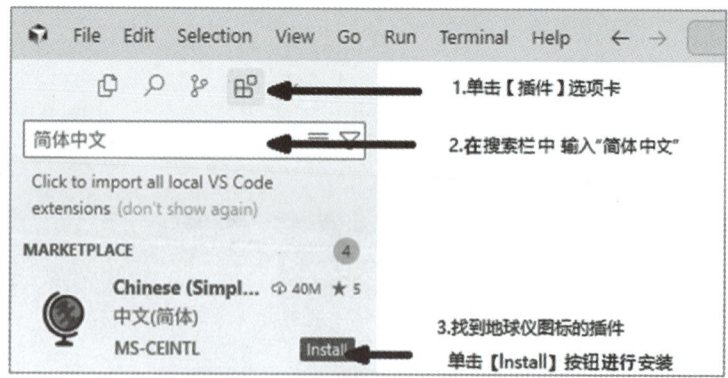

图 1-11

（2）安装并重启 Cursor 客户端之后，可以看到其菜单和功能界面已经切换到简体中文版了，如图 1-12 所示。

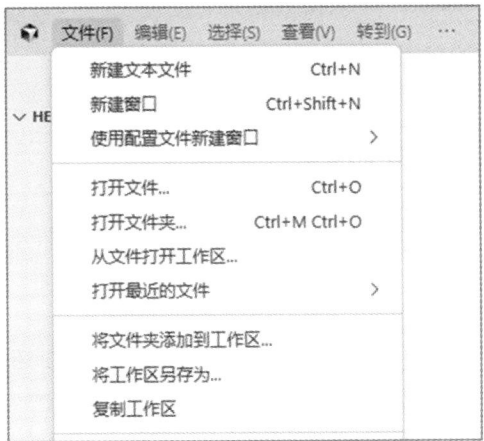

图 1-12

第 2 章
小白速补项目流程

编程项目开发涉及多个环节，从需求梳理到最终上线，每个环节都紧密相连、环环相扣。对于新手而言，建立清晰的流程认知是实现高效开发的基础。本章以常见的几种编程项目开发为例，通过图解和简要说明，帮助你快速掌握项目开发的核心脉络，为后续的实战操作奠定坚实的基础。

2.1 速补项目开发流程

不管是网站开发，还是小程序开发，从需求到落地的完整链路，都涵盖了需求分析、设计、开发、测试等核心阶段。接下来，我们将通过流程图和拆解关键步骤，帮你快速建立对网站开发流程的整体认识。

以下是一张网站开发流程图（如图 2-1 所示），可以帮助你快速建立全局认知。

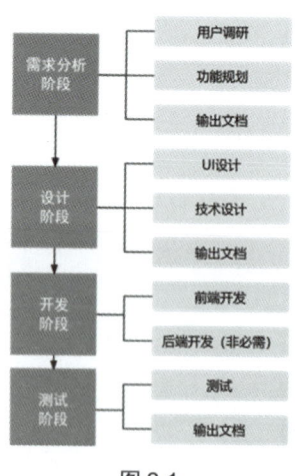

图 2-1

2.1.1 明确需求：需求分析阶段

1. 用户调研

通过问卷、访谈等方式明确目标用户的需求，比如"用户需要一个个人摄影作品展示网站，支持分类筛选和移动端适配"。

2. 功能规划

确定核心功能（首页、作品集、联系表单等）、技术选型（HTML、CSS、JavaScript或框架，如 React、Vue 等）、业务逻辑（如图片懒加载、表单验证等）。

3. 输出物

形成需求文档、功能清单，厘清开发方向。

2.1.2 细化实现方案：设计阶段

1. UI 设计

用 Figma 或 MasterGo 等工具绘制页面原型（导航栏、响应式布局），搭配视觉设计（配色方案、免费图片素材）。

2. 技术设计

划分前端（用户界面）、后端（数据处理，可选）、数据库（存储信息，可选），定义交互逻辑（按钮单击效果、页面动画）。

3. 输出物

形成原型图、技术架构图，明确开发细节。

2.1.3 实现功能模块：开发阶段

1. 前端开发

编写 HTML 结构、CSS 样式及 JavaScript 交互功能（如分类筛选、表单验证等）。

2. 后端开发

对于一个简单的静态网站，后端不是必需的。但对于一些复杂的网站而言，例如社区网站、电商网站等，后端则是必需的。

> **提示** 后端开发的工作包括实现功能、实现 API 接口、连接数据库（存储用户信息、作品元数据，如 MySQL、MongoDB 等）。

2.1.4 保障产品质量：测试阶段

1. 功能测试

验证每个功能是否正常（如单击分类按钮是否会正确过滤图片，提交表单是否会触发验证）。

2. 兼容性测试

检查网站在 Chrome、Firefox、手机浏览器上的显示和交互是否一致。

3. 性能测试

检测页面加载速度和内存占用情况，优化图片压缩与代码合并。

4. 输出物

生成测试报告、缺陷修复清单，确保功能稳定。

2.2 速补项目发布流程

完成各类项目的开发后，进入的发布环节是让项目真正面向用户的关键一步。不同类型的项目，其发布流程各有特点。我们先以网站发布流程为基础，深入了解从开发环境到网络可访问这一过程的核心步骤。随后，我们转向微信小程序发布流程，探索其在微信生态内特有的发布方式。

通过对网站发布流程和微信小程序发布流程这两种常见项目发布流程的学习，大家将快速建立对项目发布的整体认知，为后续的实际操作做好准备。

2.2.1 网站发布流程

网站发布是从开发环境到网络可访问的关键一步，核心流程如图 2-2 所示。

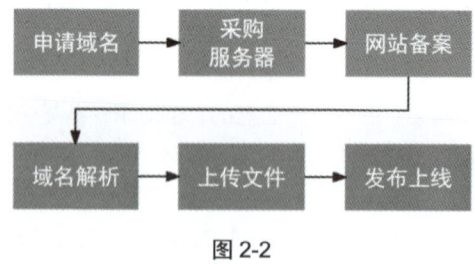

图 2-2

核心流程介绍如下：

（1）申请域名，挑选简单易记且与网站相关的名称，通过注册商完成注册。

（2）采购服务器，依据网站规模与需求选择虚拟主机、云服务器等。

（3）网站备案（国内服务器必备），按服务器提供商指引提交资料进行审核。

（4）域名解析，将域名与服务器 IP 地址绑定。

（5）上传文件，把网站的代码、图片等文件上传到服务器指定位置。

（6）发布上线，检查网站功能，确认各项功能正常后正式面向用户开放网站。

以上流程是网站从本地开发到网络可访问的关键路径，后续章节将深入展开介绍细节。

2.2.2 微信小程序发布流程

微信小程序的发布依托于微信这个庞大的生态系统，与网站发布流程既有相似之处，也有其独特的地方，核心流程如图 2-3 所示。

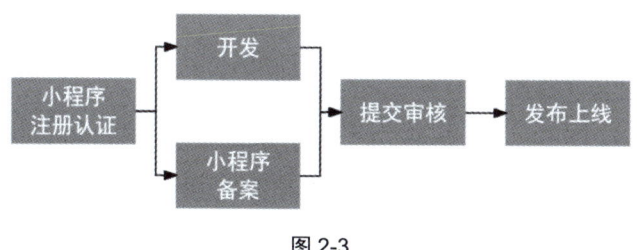

图 2-3

核心流程介绍如下：

（1）小程序注册认证。

开发者需要先在微信公众平台上完成小程序账号的注册和认证。在这个过程中，需要填写相关信息，比如主体信息（个人或企业）、联系方式等。注册完成后，将获得小程序的唯一标识 AppID，这是后续开发和发布过程中不可或缺的"身份凭证"。

（2）开发与小程序备案。

开发与小程序备案可以同步进行。

关于开发阶段，可以参考 2.1 节的内容进行需求分析、设计、开发、测试等。与此同时，可以进行小程序备案。这两个阶段一起执行，是为了确保小程序符合相关规定和要求，因为不同类型的小程序可能需要提交不同的备案材料。例如，涉及特定行业（如医疗、金融等）的小程序，需要提供相应的行业资质证明等材料。

（3）提交审核。

开发者通过微信开发者工具，将小程序代码打包提交给微信官方审核。微信官方会对小程序的多个方面进行检查，包括功能是否完整可用、是否存在违法违规内容（如虚假信息、色情暴力内容等）、界面设计是否符合规范、是否存在诱导分享等违规行为等。如果审核不通过，微信官方会给出详细的反馈信息，开发者需要根据反馈信息修改代码和内容，然后再次提交审核。

（4）发布上线。

在小程序顺利通过审核后，开发者即可在微信公众平台进行操作，将小程序正式发布。发布成功后，用户可以通过微信内的搜索功能、扫描小程序码等方式，访问和使用小程序。

2.3 速补编程常用术语

在编程学习中，掌握一些常用术语能帮你更快地理解开发流程。以下是最常用的核心术语，用大白话带你快速入门。

2.3.1 理解 HTTP 和 HTTPS

HTTP（超文本传输协议）是互联网上数据传输的协议，比如你打开网页、下载文件都是通过 HTTP 让浏览器和服务器"对话"的。例如，当你在浏览器中输入 baidu 网址时，浏览器会通过 HTTP 向百度服务器请求网页数据，百度服务器收到请求后会把网页内容"返回"给你。

HTTPS 在 HTTP 的基础上增加了加密功能，确保数据安全传输，防止重要信息被黑客窃取（比如登录密码、支付账号等）。

二者的区别是，网址以 http:// 开头的是普通网站，以 https:// 开头的是加密网站（浏览器地址栏中会显示小锁图标）。

> **提示** 现在大部分网站使用的都是 HTTPS 协议，即使你输入了以 http:// 开头的网址，服务器也会自动跳转到以 https:// 开头的网址。

2.3.2 认识 API

API 的全称是应用程序接口，一般也称接口。它就好比"软件界的外卖窗口"——当你开发的 App 中需要用到地图功能时，可以不自己画地图，只需直接调用地图 API（如高德地图 API），就能获取位置、路线等数据。这个接口能让不同软件之间互通有无，比如电商 App 调用支付 API 实现支付宝、微信付款，新闻 App 调用天气 API 显示实时天气等。

2.3.3 掌握 JSON 数据格式

JSON 格式是一种轻量级的数据格式，用来在不同软件之间传输信息，形式很像 JavaScript 的对象，但更简单易读。下面是一个简单的 JSON 格式示例：

```
{
  "name": "小明",
  "age": 20,
  "hobbies": ["编程", "摄影"]
}
```

因为格式简单，人和计算机都能轻松理解，JSON 格式已成为前后端数据交互的通用格式。

2.3.4 理解 WebSocket 技术

传统 HTTP 请求是一问一答式的，比如你刷新网页才会更新数据，而 WebSocket 是"实时聊天"式的，允许服务器主动向客户端发送消息，无须刷新页面。网页版的实时聊天 App 就是用 WebSocket 向用户推送最新信息的，股票行情类的网站也使用 WebSocket 向用户推送最新的股票交易信息。

2.3.5 区分前端和后端

用户直接看到和操作的界面就是前端，比如网站的页面布局、按钮单击效果、手机 App 的视觉交互等。常用的前端开发语言有 HTML、CSS、JavaScript。

后端就像一个隐藏在幕后的"大脑"，主要负责存储数据、处理逻辑，以及与前端和数据库交互。常用的后端编程语言有 Python、Java、Node.js 等。

2.3.6 认识数据库

数据库是存储数据的电子仓库，按规则组织数据，方便快速查询和管理数据。数据库又常常分为关系型数据库和非关系型数据库。

- 关系型数据库是把数据像表格一样存储，每个表有多个字段，比如用户表中包含用户名字段、用户昵称字段等。Oracle、MySQL 就是最常用的关系型数据库。
- 非关系型数据库的数据格式灵活，每个表的内容格式都是不同的，适合存储日志、缓存等信息。

第 3 章
小白速补产品设计——借助 DeepSeek

在互联网产品开发的宏大版图中,产品设计占据着极为关键的位置。它是连接用户需求与技术实现的桥梁,更是产品成功的基石。对于那些怀揣着产品梦想,却尚未涉足产品设计领域、缺乏相关经验的人来说,本章是一份贴心的入门指南。本章将通过通俗易懂的语言和丰富翔实的案例,带领大家一步步走进产品设计的世界,掌握其核心要点。

如果你已经是一位经验丰富的产品经理,对产品设计的各个环节早已熟稔于心,那么可以选择跳过本章,直接进入后续更具针对性的内容。

3.1 借助 DeepSeek 做产品需求分析

需求分析是产品设计的起点,决定了产品"解决什么问题"和"为谁解决问题"。DeepSeek 能帮你快速梳理用户需求、挖掘市场机会,甚至分析竞争对手,让新手也能做出专业级的需求分析报告。

3.1.1 用户调研与分析

用户调研与分析是深入了解目标用户需求的重要环节,在这个环节中,我们借助 DeepSeek,结合多种有效的方法论,精准定位用户需求。

1. 明确目标用户群体

在 DeepSeek 中输入"帮我分析'个人摄影作品展示网站'的目标用户群体"。DeepSeek 会自动分析核心用户、潜在需求。

无须手动收集问卷，DeepSeek 就能通过分析同类产品评论、社交媒体标签，快速提炼真实用户需求。通过这种多维度的市场细分方法，我们能够全面且细致地描绘出目标用户群体的画像，为后续产品功能的设计提供有力依据。

2. 挖掘真实需求

我们采用 KANO 模型来挖掘用户的真实需求。KANO 模型将用户需求分为基本型需求、期望型需求、兴奋型需求、无差异需求和反向需求。

- **基本型需求**：用户认为产品"必须有"的功能，如果缺失则会导致用户严重不满。
- **期望型需求**：用户期望产品具备的功能，满足这些需求会提升用户满意度。
- **兴奋型需求**：用户意想不到的功能，若能提供则会给用户带来惊喜。
- **无差异需求**：用户认为无关紧要的功能，是否实现均不影响用户满意度。
- **反向需求**：用户反感的需求，实现后反而降低用户满意度。

继续向 DeepSeek 提问："采用 KANO 模型分析，个人摄影作品展示网站的需求有哪些？"

DeepSeek 采用 KANO 模型分析个人摄影作品展示网站的需求，从用户满意度与功能实现的关系出发，将需求分为基本型需求、期望型需求、兴奋型需求、无差异需求和反向需求五大类。

3. 评估可行性

评估开发个人摄影作品展示网站的可行性，我们采用成本效益分析方法，综合考虑技术难度、成本投入和预期收益等因素。

继续向 DeepSeek 提问："开发一个个人摄影作品展示网站的技术难度、成本投入、预期收益如何？"

DeepSeek 的回复总结如下：

- **技术难度**：中等偏上（核心功能可实现，但 AI、区块链等进阶模块开发门槛较高）。
- **成本投入**：基础版 8 万~15 万元，旗舰版 50 万元以上，需要持续的运维投入。
- **预期收益**：2~3 年可回本，长期可通过生态构建实现 10 倍以上的增值空间。

3.1.2　竞品分析

竞品分析是了解市场竞争态势，寻找产品差异化竞争优势的重要手段。在这一过程中，我们借助 DeepSeek，采用 SWOT 分析等方法，全面剖析竞品，为确定自家产品的定位提供参考。

1. 锁定竞争对手

在锁定竞争对手时，我们采用市场竞争格局分析方法。输入"列举 3 个摄影作品展示类网站竞品"，DeepSeek 会基于大数据搜索和分析，列举出具有代表性的竞品。

DeepSeek 列举了 3 个同类竞品，通过对这些竞品的分析，可以清晰地看到市场上同类型产品的分布和竞争态势，为后续的竞品对比和差异化定位提供基础。

2. 对比竞品核心功能

在对比竞品核心功能时，我们采用 SWOT 分析方法，全面评估每个竞品的优势（Strengths）、劣势（Weaknesses）、机会（Opportunities）和威胁（Threats）。继续向 DeepSeek 提问："采用 SWOT 分析方法，对比这几个同类竞品的核心功能。"

通过 DeepSeek 对这些竞品的 SWOT 分析，我们可以明确自身产品的竞争优势和差异化方向，例如可以针对竞品的劣势，开发更简单易用的功能，满足新手用户的需求，或者利用市场机会，拓展新的业务模式，提升产品的竞争力。

3.2 借助 DeepSeek 做产品规划

在完成全面且深入的需求分析之后，接下来便进入产品规划的关键阶段。此阶段的核心任务是将需求分析的成果转化为具体、可落地的产品方案，明确产品的定位、功能架构以及商业模式。凭借 DeepSeek 强大的分析和规划能力，我们能够更高效地完成这一过程，确保产品不仅符合市场需求，还具备实际可操作性。

3.2.1 产品定位

下面将从明确目标市场和确立差异化定位两个方面展开，阐述如何通过市场细分、竞品分析以及借助 DeepSeek 等工具，为个人摄影作品展示网站制定有效的市场策略，从而提升其市场竞争力并满足特定用户群体的需求。

1. 明确目标市场

在明确目标市场时，我们采用市场细分和目标市场选择的方法。回顾需求分析阶段得到的用户画像和市场趋势，借助 DeepSeek 进一步分析不同细分市场的规模、增长潜力、竞争程度及与产品的适配度。为此，我们向 DeepSeek 提问："分析在不同年龄层次业余摄影爱好者市场中个人摄影作品展示网站的规模、增长潜力和竞争情况。"

DeepSeek 对不同年龄层次业余摄影爱好者市场的分析如下：

- Z 世代：需要整合短视频与社交功能，如"摄影挑战赛"。

- **千禧一代**：强化家庭场景服务，如自动生成"成长时间轴"。
- **中年群体**：聚焦教育与版权保护，如区块链确权和作品交易抽成等。

通过 DeepSeek 的分析，清晰了解各细分市场的差异。基于这些分析，我们可以更有针对性地选择目标市场，集中资源满足特定群体的需求，提高产品的市场竞争力。

2. 确立差异化定位

确立差异化定位是产品在竞争激烈的市场中脱颖而出的关键。我们通过差异化竞争分析方法，结合竞品分析结果，深入挖掘产品的独特卖点。为此，我们向 DeepSeek 提问："分析个人摄影作品展示网站在功能、用户体验和社区氛围等方面区别于竞品的独特卖点。"

DeepSeek 的分析结果显示，个人摄影作品展示网站需要具有以下独特卖点：

- **功能方面**：地方文件整合、AI/区块链技术、动态展示。
- **用户体验方面**：极简设计、多端适配、数据辅助工具。
- **社区氛围方面**：垂直圈层、赛事组织、社交传播。

通过这些独特卖点，个人摄影作品展示网站能够在功能、用户体验和社区氛围方面与竞品形成显著差异，构建竞争壁垒，从而有效吸引目标用户群体。

3.2.2 功能规划

功能规划是将产品定位转化为具体功能模块的过程。在这个过程中，我们运用功能分解和优先级排序的方法，确保产品功能既能满足用户需求，又具备可实现性。

1. 功能分解

功能分解是将产品的整体功能拆分为具体的子功能模块。依据产品定位和用户需求，借助 DeepSeek 对个人摄影作品展示网站的功能进行详细分解。为此，我们向 DeepSeek 提问："为个人摄影作品展示网站规划作品展示、社交互动和版权保护的详细子功能。"

DeepSeek 规划了以下功能。

- **作品展示功能**。

（1）**智能作品管理**：AI 自动标签、多格式支持、动态展示模式等。

（2）**个性化展示优化**：智能排版工具、跨设备适配、数据看板等。

（3）**创作辅助功能**：AI 修图建议、灵感地图等。

- **社交互动功能**。

（1）**社区化互动**：圈层分类、用户创建内容激励等。

（2）**实时互动工具**：直播摄影课、作品共创等。

（3）**社交传播链路**：跨平台分享、社交裂变等。

- 版权保护功能。

（1）**主动防护体系**：隐形水印、权限分级等。

（2）**区块链存证**：版权存证、智能合约交易等。

通过这样的功能分解，能够构建从作品展示到商业变现的完整生态，形成区别于竞品的核心壁垒。

2. 优先级排序

在确定所有功能模块后，需要对这些功能模块进行优先级排序，以确保在资源有限的情况下，优先开发和实现最重要的功能。我们采用 KANO 模型和成本效益分析等方法，结合用户需求的重要程度和开发成本对功能模块进行排序。为此，我们向 DeepSeek 提问："根据用户需求和开发成本，对个人摄影作品展示网站的功能模块进行优先级排序。"

DeepSeek 给出的优先级排序如下：

（1）**高优先级**：作品展示、账户安全等。

（2）**中优先级**：社交互动、搜索优化等。

（3）**低优先级**：AI/区块链/虚拟展示。

通过合理的优先级排序，能够确保在产品开发过程中合理分配资源，先实现核心功能，再逐步拓展和完善其他功能，提高产品开发的效率和成功率。

3.2.3 商业模式规划

商业模式规划是产品实现盈利和可持续发展的关键。在这一过程中，我们运用盈利模式分析和成本结构分析等方法论，规划出适合产品的商业模式。

1. 选择盈利模式

在选择盈利模式时，我们需要综合考虑目标市场的需求、产品的特点及市场竞争情况。借助 DeepSeek 分析不同盈利模式的可行性和潜在收益。为此，我们向 DeepSeek 提问："分析个人摄影作品展示网站针对 Z 世代业余摄影爱好者市场的盈利模式可行性。"

DeepSeek 得出的执行建议如下：

- **最小可行产品验证**：上线基础社交打赏功能，通过"摄影挑战赛"测试用户付费意愿，在 1~2 个月内收集数据。
- **技术整合**：使用现成的 AI API（如阿里云视觉智能）降低开发成本，快速迭代修图工具。
- **社区运营**：招募 Z 世代 KOL 入驻，通过"作品热度排行"激发创作竞争，形成活跃的生态系统。

通过合理规划商业模式，在满足用户需求的同时实现盈利，保障个人摄影作品展示网站的可持续发展。

2. 成本结构分析

成本结构分析是确保商业模式可持续性的重要环节。我们采用成本分类和成本估算的方法，借助 DeepSeek 分析产品运营过程中的各项成本。为此，我们向 DeepSeek 提问："估算个人摄影作品展示网站在技术开发、营销推广和内容运营方面的成本。"

DeepSeek 从以下几方面估算成本：

- **技术开发**：采用云服务+开源框架，成本范围是 2 万~30 万元。
- **营销推广**：聚焦高回报渠道，成本范围是 5 万~50 万元。
- **内容运营**：鼓励用户创作作品，成本范围是 5 万~50 万元。

3.3 借助 DeepSeek 设计产品原型

在完成产品规划后，产品原型设计是将抽象的产品概念转化为可视化、可交互模型的关键阶段。此阶段能够使我们更直观地呈现产品的结构、流程和界面，提前发现潜在问题，为后续的开发工作提供清晰的指引。接下来，我们将从信息架构设计、交互流程设计和界面原型设计 3 个方面进行详细阐述。

3.3.1 信息架构设计

信息架构设计是对产品信息进行系统梳理和组织的过程，目的是让用户能够高效地找到和使用所需的信息。对于个人摄影作品展示网站而言，合理的信息架构至关重要。

我们可以借助 DeepSeek 来辅助设计信息架构。为此，我们向 DeepSeek 提问："为个人摄影作品展示网站设计信息架构，包括作品展示、用户、社区、版权等模块。"

DeepSeek 给出的技术选型建议如下：

- **前端**：React + Next.js（SSR 优化 SEO）+ Three.js（3D 展示）。
- **后端**：Nest.js（微服务架构）+ MySQL（关系型数据库）+ Redis（缓存加速）。
- **存储**：阿里云 OSS（图片）+ IPFS（NFT 元数据）。
- **运维**：Docker 容器化。

3.3.2 交互流程设计

交互流程设计关注用户与产品之间的互动过程,确保操作流程的顺畅和自然。它需要我们模拟用户在使用产品过程中的各种场景,设计出合理的交互流程。为此,我们向 DeepSeek 提问:"设计个人摄影作品展示网站的主要交互流程,如作品上传、浏览、评论等。"

个人摄影作品展示网站的主要交互流程设计如下:

- **作品上传流程。**

(1)用户操作路径:登录→进入上传页→选择文件→编辑信息→发布→反馈。

(2)交互设计:支持上传 10 张以内的图片,自动读取 EXIF 信息,AI 生成建议标签。

- **作品浏览流程。**

(1)用户操作路径:首页入口→筛选/排序→浏览→深度交互。

(2)交互设计:支持网格模式与瀑布流模式切换,基于浏览历史推荐相似风格作品。

- **评论交互流程。**

(1)用户操作路径:查看作品→触发评论→输入→发布→反馈。

(2)交互设计:支持文字+表情,优质评论折叠展开,敏感词自动过滤。

3.3.3 界面原型设计

界面原型设计是将信息架构和交互流程以可视化的方式呈现出来,形成产品界面的初步模型。它能够帮助团队成员更好地理解产品的外观和操作方式,提前进行沟通和反馈。

由于 DeepSeek 和 Cursor 在生成原型页面时存在页面原型发散性大、多个页面之间缺乏一致性等问题,我们先让 DeepSeek 生成界面原型描述,以提高页面一致性和跳转的自然协调性。为此,我们向 DeepSeek 提问:"生成个人摄影作品展示网站的首页、作品详情页、个人主页的界面原型草图描述,风格简单现代。"

以下是 DeepSeek 生成的个人摄影作品展示网站核心页面的界面原型草图描述节选:

```
一、首页设计
布局结构
顶部导航栏 | 主视觉区 | 内容瀑布流 | 底部功能区

1. 顶部导航栏
左侧:
```

> Logo（简约线条相机图标 + "Lenscape"文字）
>
> 全局搜索框（支持文字、图片、语音输入，带动态搜索建议）
>
> 右侧：
>
> 通知铃铛图标（红点提醒）
>
> 用户头像（未登录时显示默认剪影）
>
> 上传按钮（悬浮发光效果，单击展开拖曳上传面板）
> ……

这些界面原型草图描述为后续的界面设计提供了基础，设计师可以根据这些描述进一步细化和完善界面设计，确定颜色、字体、图标等视觉元素，打造出美观、易用的产品界面。

3.4 产品设计还要用到哪些 AI 工具

在产品设计过程中，除 DeepSeek 能助力需求分析、产品规划和原型设计的诸多阶段外，还有一些 AI 工具能在特定方面发挥独特作用，为产品设计带来更多创意和效率提升的可能性。接下来，将介绍 Readdy AI 和即梦 AI 在产品设计中的应用。

3.4.1 生成页面原型：Readdy AI

在产品设计过程中，页面原型的构建是将抽象概念转化为直观视觉呈现的关键步骤。Readdy AI 作为这一领域的得力助手，凭借其创新的交互模式和强大的功能，显著提升了页面原型生成的效率与质量。

Readdy AI 的突出优势在于，支持用户以对话方式创建理想网站，摒弃了传统烦琐的拖曳操作。在我们借助 DeepSeek 完成产品需求梳理、功能规划和架构设计后，Readdy AI 能够无缝衔接，迅速将这些成果转化为可视化的页面原型。例如，我们可以向 Readdy AI 输入上面生成的界面原型草图描述，如图 3-1 所示。

Readdy AI 凭借其先进的 AI 算法和丰富的精美模板库，能够迅速生成相应的页面原型。在短短几分钟内，即可呈现初步的设计效果（如图 3-2 所示），从而大大缩短了从构思到可视化的整个时间周期。

图 3-1

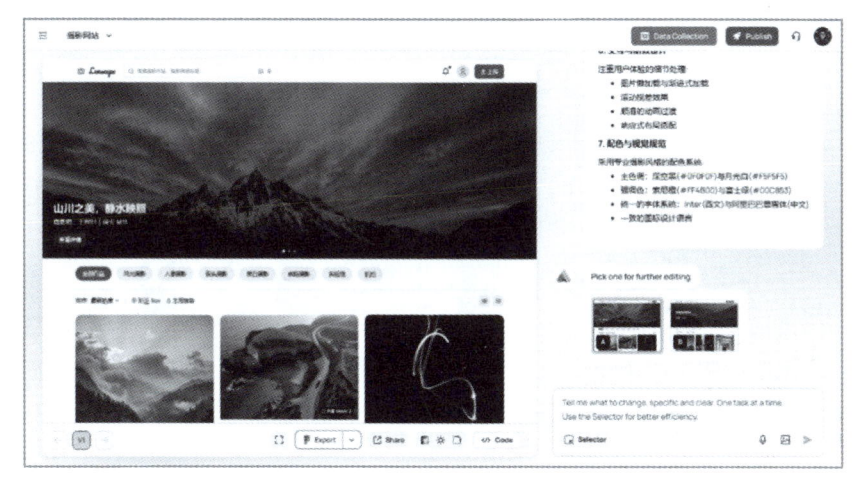

图 3-2

生成的页面原型具有高度的可调整性。如果对某些页面元素不满意，例如希望调整作品缩略图的尺寸、改变导航栏的颜色或优化交互效果，只需再次与 Readdy AI 对话，明确修改需求，它就能快速响应并进行调整。

在页面原型达到预期效果后，Readdy AI 提供了如下多样化的输出选项：

- **下载代码**：可直接为开发团队提供基础代码框架，便于后续开发工作的开展。在此基础上，可利用 Cursor 等工具进行深度开发。
- **导出为 Figma 文件**：方便设计师在熟悉的设计环境中进行精细化调整，进一步优化页面的视觉效果和交互细节，以满足更高的设计要求。

这种多样化的输出特性，使 Readdy AI 能够灵活适配不同团队的工作流程和需求，在产品设计过程中发挥重要的桥梁作用，有效提升整体设计效率。

3.4.2 生成 Logo 或配图：即梦 AI

在产品设计中，视觉元素的设计至关重要，它直接影响产品的品牌形象和用户吸引力。即梦 AI 在图形设计领域表现出色，尤其是在 Logo 或配图生成方面，能为个人摄影作品展示网站赋予独特的视觉魅力。

对于个人摄影作品展示网站的 Logo 设计，即梦 AI 可以根据产品定位、品牌理念和目标受众，精准生成富有创意和辨识度的方案。例如，向即梦 AI 输入提示词："生成体现摄影艺术感、简单现代且适用于摄影作品展示平台的 Logo，融入相机镜头、光影元素，整体风格简约时尚"。即梦 AI 会迅速生成多个风格各异的 Logo 设计，如图 3-3 所示。

图 3-3

这些 Logo 方案巧妙融合了摄影相关元素，凭借独特的图形设计和色彩搭配，充分展现了摄影艺术的魅力，同时契合现代审美趋势，能够精准传达品牌定位，给用户留下深刻的第一印象。

除了 Logo 设计，即梦 AI 在配图生成方面同样表现出色。个人摄影作品展示网站的不同页面和功能需要多样化的配图来增强视觉效果和用户体验：

- 在网站首页，为了引导用户进入不同作品分类或展示热门活动，可以利用即梦 AI 生成具有视觉冲击力的摄影主题插画。例如，以城市夜景为背景，融入热门摄影作品的缩略图和活动信息，从而吸引用户的注意力。
- 在作品详情页，可以根据作品风格，运用即梦 AI 生成相匹配的装饰性配图。比如，若作品是复古风格的人像摄影，可以生成带有复古色调和纹理的边框或背景元素，使其与作品相得益彰，提升页面整体美感。

值得一提的是，即梦 AI 生成的 Logo 或配图具有商业使用合法性，这一特性为产品设计提供了有力保障。在产品开发过程中，这有效避免了因使用未经授权的图片或图标而引发的版权纠纷，确保产品能够顺利上线和运营，降低了潜在的法律风险，为产品的长期发展奠定了坚实基础。

第 2 篇

Cursor 之美

第 4 章
快速体验 Cursor 编程

4.1 案例：一句话实现一个网站（个人摄影作品展示网站）

4.1.1 具体实现过程

下面展示如何用一句话实现一个网站：

（1）在电脑上创建一个文件夹"my-website"。

（2）在 Cursor 的菜单中选择【文件】→【打开文件夹】，选择刚刚创建的文件夹。

（3）在输入框中输入提示词："用 HTML 生成一个个人网站，用于展示我的摄影作品，暂时先下载网络图片来填充作品位置。"

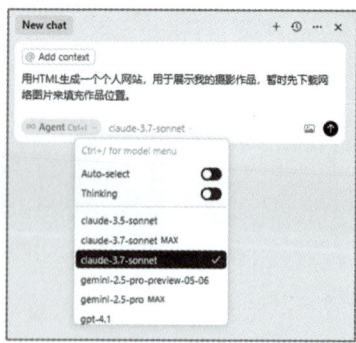

（4）在输入框的左下角，选择 Agent 模式（如图 4-1 所示），再选择 claude-3.7-sonnet 大模型（如图 4-2 所示），单击输入框右下角的 ↑ 按钮。

图 4-1   图 4-2

（5）Cursor 开始生成代码。网站需要的 JavaScript 文件和 CSS 文件都会一起生成，还会生成一个项目说明文档——README.md，如图 4-3 所示。

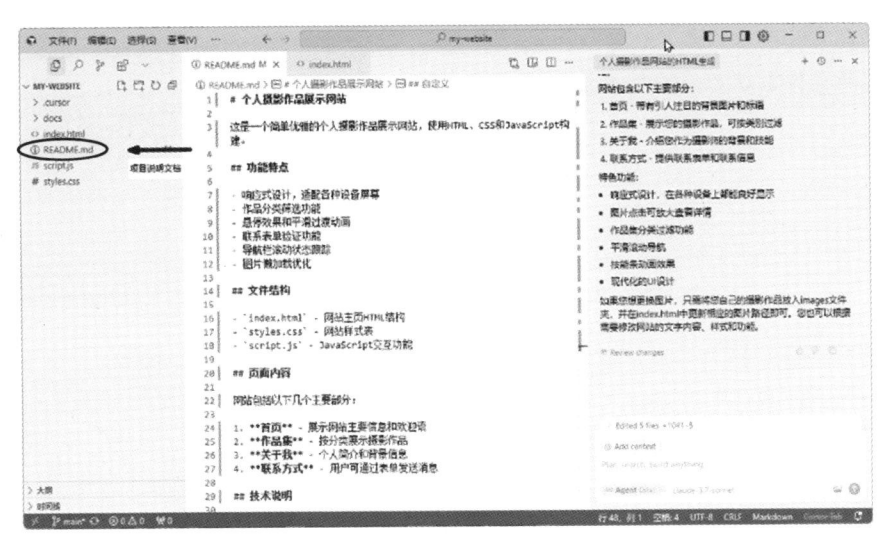

图 4-3

（6）回到电脑上的文件夹中，双击刚刚生成的 index.html 文件。在浏览器中可以看到页面效果，如图 4-4 所示。

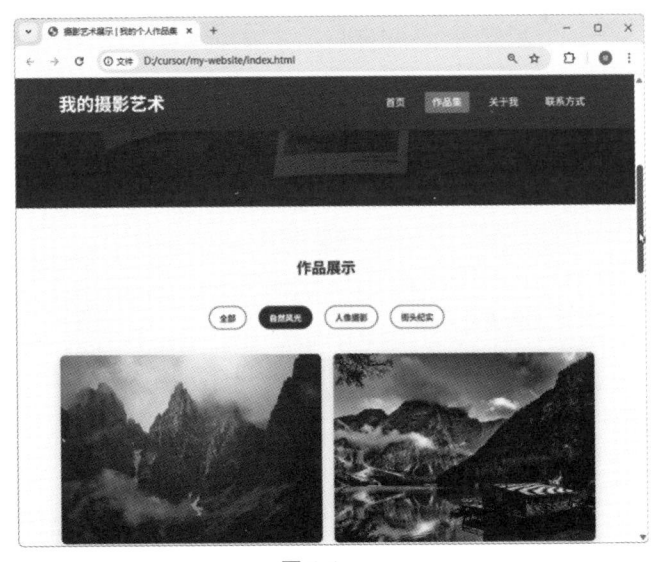

图 4-4

（7）查看完页面，如果满意，则单击输入框右上角的【Accept all】按钮（如图 4-5 所示），保存当前所有文件。一个简单、美观的个人摄影作品展示网站就完成了。

> **提示** 如果不满意，则可以在输入框中输入修改意见，让 Cursor 重新生成文件，满意之后再单击【Accept all】按钮。
>
> 　　如果特别不满意，还可以拒绝所有文件，即单击【Reject all】按钮，清除刚刚生成的文件来让 Cursor 重新生成。

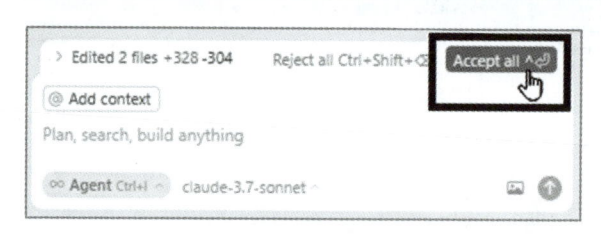

图 4-5

4.1.2　拆解网站文件

借助 Cursor，我们无须像传统学习编程那样，逐字逐句地钻研一个个语法规则和关键词，就能轻松创建出功能丰富的网页。不过，了解一个网页的基本结构，以及各个模块的作用，对于我们更好地理解网页运行机制、后续对网页进行深度定制与优化，仍然有着重要意义。

下面，我们借助 Cursor 对刚刚生成的展示摄影作品的个人网站的网页文件进行拆解和分析。在 4.1.1 节提到过，Cursor 生成网站时会同时生成一个说明文档——README.md 文档，下面先阅读这个文档。

```
# 个人摄影作品展示网站

这是一个简单优雅的个人摄影作品展示网站，使用 HTML、CSS 和 JavaScript 构建。

## 功能特点

- 响应式设计，适配各种设备屏幕
- 作品分类筛选功能
- 悬停效果和平滑过渡动画
- 联系表单验证功能
- 导航栏滚动状态跟踪
- 图片懒加载优化

## 文件结构

- `index.html` - 网站主页 HTML 结构
- `styles.css` - 网站样式表
- `script.js` - JavaScript 交互功能
```

```
## 页面内容

网站包括以下几个主要部分：

1. **首页** - 展示网站主要信息和欢迎语
2. **作品集** - 按分类展示摄影作品
3. **关于我** - 个人简介和背景信息
4. **联系方式** - 用户可通过表单发送消息

## 技术说明

- 使用纯 HTML、CSS 和 JavaScript 构建
- 响应式设计使用媒体查询和弹性布局实现
- 使用 CSS 变量管理颜色主题
- 使用 CSS Grid 和 Flexbox 布局
- 作品图片来自 Pixabay 和 Pexels 的免费图片库

## 如何使用

1. 下载或克隆仓库中的所有文件
2. 在浏览器中打开 `index.html` 即可查看网站
3. 根据需要修改 HTML 内容、CSS 样式或 JavaScript 功能

## 自定义

- 在 `index.html` 中更改文本和图片链接
- 在 `styles.css` 的 `:root` 部分修改颜色主题
- 在 `script.js` 中调整交互功能
```

这个文档已经对整个网站的文件进行了简要说明：index.html 是网站主页的 HTML 结构，styles.css 是网站的样式表，script.js 是 JavaScript 交互功能的实现文件。然而，这些简要说明还不足以让我们深入了解网站各文件的具体作用。接下来，就让 Cursor 为我们详细解读这些文件。

（1）在 Cursor 的输入框中，切换到 Ask 模式（如图 4-6 所示）。

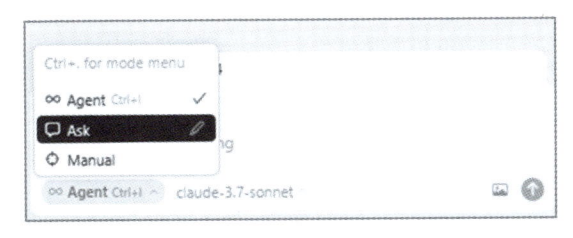

图 4-6

（2）在输入框中向 Cursor 提问，Cursor 会以初学者能理解的方式详细解释代码，但不会修改代码。以下是提问和 Cursor 回复的内容。

> **❓ 向 Cursor 提问**
>
> 　　我是一个初学者，请用初学者能理解的方式给我解释这个个人摄影作品展示网站的代码。

Cursor 以初学者能理解的方式解释了这个个人摄影作品展示网站的代码：

- 首页 HTML：index.html

```html
<!DOCTYPE html>
<html lang="zh">
<head>
    <!-- 这里放置网站的基本信息和引用的外部文件 -->
    <meta charset="UTF-8"> <!-- 定义网页使用的字符编码 -->
    <title>摄影艺术展示 | 我的个人作品集</title> <!-- 网页标题，显示在浏览器标签上 -->
    <link rel="stylesheet" href="styles.css"> <!-- 引入 CSS 样式文件 -->
</head>
<body>
    <!-- 这里是网页的主体内容 -->
</body>
</html>
```

设计思路如下：

（1）**模块化设计**：网页被分为几个明确的部分（首页、作品集、关于我、联系方式）。

（2）**响应式设计**：网页会根据屏幕大小自动调整布局。

（3）**用户体验**：添加平滑过渡、悬停效果和动画，提升用户体验。

技术要点如下：

（1）使用语义化 HTML 元素（如`<header>`、`<section>`、`<footer>`）。

（2）使用 CSS 变量，方便统一管理颜色主题。

（3）使用 JavaScript 事件监听功能来实现交互功能。

如果还有什么不理解的地方，可以继续向 Cursor 提问。由于篇幅有限，在这里不做更多的演示。

4.2 案例：给网站增加更多功能

目前，我们已经成功搭建了一个个人摄影作品展示网站，但其功能还较为基础，稍显单调。为了使网站更加丰富并具有更好的交互性，我们可以借助 Cursor 的强大功能，为其增添更多动态效果。接下来，我们将逐步为网站增加灯箱效果及图片下载功能。

4.2.1 增加灯箱效果

目前网站上的图片无法放大查看，这在一定程度上影响了用户对作品的欣赏体验。为了解决这一问题，我们可以借助 Cursor 为网站增加灯箱效果，使用户单击图片时可以全屏查看并浏览所有图片。

具体操作很简单，我们只需向 Cursor 提出明确的需求："给图片增加灯箱效果，使用户单击图片时可以全屏查看并浏览所有图片"。Cursor 会迅速给出实现这一效果的方案。

Cursor 的关键工作是修改 CSS 文件以增加灯箱效果的样式：

```css
/* 灯箱效果样式 */
.lightbox {
    display: none;
    position: fixed;
    top: 0;
    left: 0;
    width: 100%;
    height: 100%;
    background-color: rgba(0, 0, 0, 0.9);
    z-index: 2000;
    justify-content: center;
    align-items: center;
    opacity: 0;
    transition: opacity 0.3s ease;
}
```

修改完成后，效果十分显著。如图 4-7 所示，当用户单击图片时，图片会以全屏的方式展示，方便用户更清晰地欣赏摄影作品的细节，极大地提升了用户体验。

图 4-7

4.2.2 增加图片下载功能

在增加灯箱效果的基础上，我们还可以进一步拓展网站的功能。考虑到用户可能希望保存自己喜欢的图片，我们可以让 Cursor 为网站增加图片下载功能。

同样，我们向 Cursor 描述这个功能："全屏查看图片时，增加一个下载按钮，单击它则下载图片。"Cursor 会给出详细的实现步骤并生成相应的代码。

Cursor 修改的关键代码如下：

```
<!DOCTYPE html>
<html lang="zh">
// ... existing code ...

   <!-- 灯箱结构 -->
   <div class="lightbox" id="lightbox">
      <div class="lightbox-content">
         <img src="" alt="放大图片" id="lightbox-img">
         <div class="caption" id="lightbox-caption"></div>
         <div class="counter" id="lightbox-counter"></div>
         <span class="close" id="lightbox-close">&times;</span>
         <span class="prev" id="lightbox-prev">&#10094;</span>
         <span class="next" id="lightbox-next">&#10095;</span>
         <a class="download" id="lightbox-download" download title="下载图片">
            <i class="fas fa-download"></i>
         </a>
```

```
        </div>
    </div>
```

按照 Cursor 的指示完成操作后，生成的效果如图 4-8 所示。在全屏查看图片的界面中，出现了一个【下载】按钮，用户单击该按钮即可下载当前查看的图片。这一功能的增加进一步增强了网站的实用性。

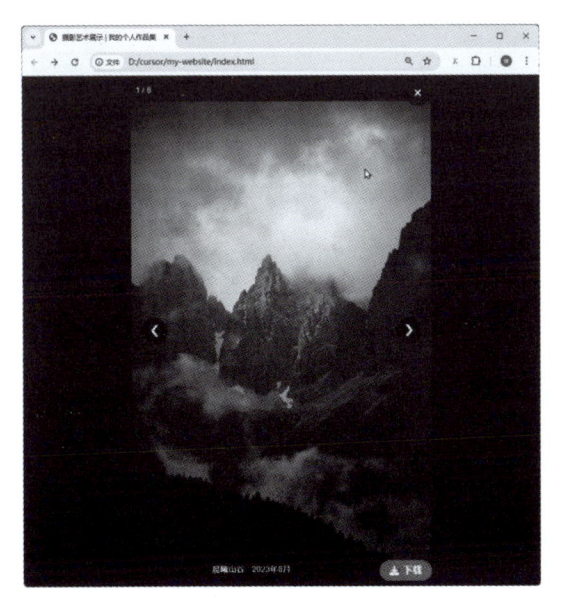

图 4-8

通过增加灯箱效果和图片下载功能，我们的个人摄影作品展示网站变得更加完善，不仅提升了用户体验，还提高了网站的实用性。这也充分展示了 Cursor 在网站开发过程中的强大助力，能够帮助我们快速实现各种功能需求。

在后续的学习和实践中，我们还可以继续探索，利用 Cursor 为网站增加更多有趣且实用的功能。

4.3 体验 Cursor 的 4 种功能

在体验了 Cursor 快速搭建网站并为其增加功能后，我们将进一步探索其强大的编程能力。本节将通过实践深入了解 Cursor 的四大核心能力：Tab 自动补全、自然语言编程、代码解释和问题诊断。这些能力不仅是 Cursor 的特色所在，更是其提升编程效率、降低编程门槛的关键。无论是编程新手还是经验丰富的开发者，都能从中获得极大的便利，让我们的编程之旅更加轻松高效。

4.3.1 Tab 自动补全加速代码输入

在 Cursor 的编程环境中，Tab 自动补全功能展现了诸多独特优势，其智能编辑、多行修改以及上下文感知的特点，为开发者带来了高效且便捷的编码体验。

1. 智能编辑：精准辅助，超越简单补全

Cursor 的 Tab 自动补全功能不仅局限于插入额外代码。当你编写代码时，它会在光标周围提供全面的编写建议。例如，在一段复杂的 JavaScript 函数中，你正在编写一个对象的方法调用，输入"obj"后按 Tab 键，Cursor 不仅会列出 obj 对象可能的属性和方法供你选择补全，还会根据当前函数的逻辑和上下文，判断哪个属性或方法更符合需求，并以灰色文本在光标后面显示（如图 4-9 所示）。如果接受默认修改的建议，按 Tab 键即可完成代码的自动补全。

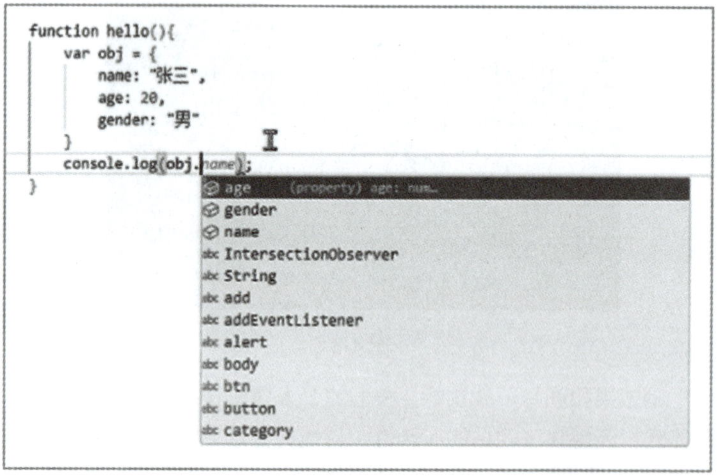

图 4-9

这就好比有一位经验丰富的编程伙伴在旁边，时刻为你提供最恰当的代码编写建议，帮助你写出更符合逻辑、更简洁的代码。

2. 多行修改：批量操作，高效优化代码

与传统的单行补全不同，Cursor 的 Tab 自动补全功能支持一次性修改多行代码，这大大提高了代码编写效率。在调整代码结构时，这一特点尤为显著。例如，你正在编写一个 HTML 页面，页面上有多个按钮，需要为每个按钮添加相同的样式类。你只需在第一行<button>标签的 class 属性中输入类名，例如"btn"，其他行也会出现灰色的修改文本（如图 4-10 所示）。按 Tab 键后，Cursor 会自动为其他的 button 元素添加 btn 样式类，这样做实现了多行代码的同时修改，避免了逐行修改的烦琐操作。

```html
<h2>作品展示</h2>
<div class="gallery-categories">
    <button class="btn category active" data-category="all">全部</button>
    <button class="btn category" data-category="nature">自然风光</button>
    <button class="btn category" data-category="portrait">人像摄影</button>
    <button class="btn category" data-category="street">街头纪实</button>
</div>
```

图 4-10

3. 上下文感知：实时反馈，智能规避错误

Cursor 的 Tab 自动补全功能具备强大的上下文感知能力，它会根据你最近的更改和代码检查错误提供针对性的建议。例如，在 JavaScript 中，如果你将变量 obj 改名为 person，后续在使用该变量的代码中，Cursor 会根据新的变量名调整补全建议（如图 4-11 所示）。

```javascript
function hello(){
    var person = {
        name: "张三",
        age: 20,
        gender: "男"
    }
    console.log(obj.name);          console.log(person.name);
    console.log(obj.age);
    console.log(obj.gender);
}
```

图 4-11

如果之前使用该变量作为数字类型进行运算，而现在将其定义为字符串类型，那么当你输入变量名后按 Tab 键，Cursor 不会再提供与数字运算相关的方法补全，而是给出适用于字符串操作的方法建议。同时，在代码存在错误的情况下，它能通过上下文分析提供修正建议。

> **提示** 比如，你在 Python 代码中使用了一个未定义的函数，Cursor 会根据代码中导入的模块以及当前作用域的变量，分析可能正确的函数名，并在你输入部分函数名且按 Tab 键时，优先给出符合上下文的修正建议，帮助你快速发现并解决代码错误。

通过以上 3 个特点，Cursor 的 Tab 自动补全功能重新定义了代码输入的方式，让编程过程更加流畅、高效。无论是编写新代码还是修改现有代码，Cursor 的 Tab 自动补全功能都能为我们节省大量的时间和精力。

4.3.2 自然语言编程突破语法壁垒

传统的编程方式要求开发者熟练掌握各种编程语言的语法规则，这无疑为初学者和非专业开发者设置了较高的门槛。而 Cursor 的自然语言编程功能打破了这一限制，让编程变得更加直观和易于理解。

自然语言编程的核心在于，允许开发者使用日常的自然语言来描述代码功能，而无须精确记忆编程语言的语法规则。

例如，在开发一个简单的 JavaScript 脚本时，你可能想要实现一个功能，将一个数组中的所有偶数筛选出来。传统的方式是，你需要手动编写代码，如下所示：

```javascript
var arr = [1, 2, 3, 4, 5, 6];
for(var i = 0; i < arr.length; i++){
    if(arr[i] % 2 == 0){
        console.log(arr[i]);
    }
}
```

但在 Cursor 中，你只需在输入框中输入："用 JavaScript 编写一个程序，从数组[1, 2, 3, 4, 5, 6]中筛选出所有偶数并打印出来。"Cursor 就能迅速理解你的意图，并自动生成相应的代码。这就如同与一位专业的程序员进行交流，你只需清晰地表达需求，就能得到相应的代码实现。

你也可以直接在 JavaScript 代码文件中写一行注释："编写一个程序，从数组[1, 2, 3, 4, 5, 6]中筛选出所有偶数并打印出来。"Cursor 就会通过自动补全功能生成代码（如图 4-12 所示），你只需按 Tab 键就可以完成代码的编写。

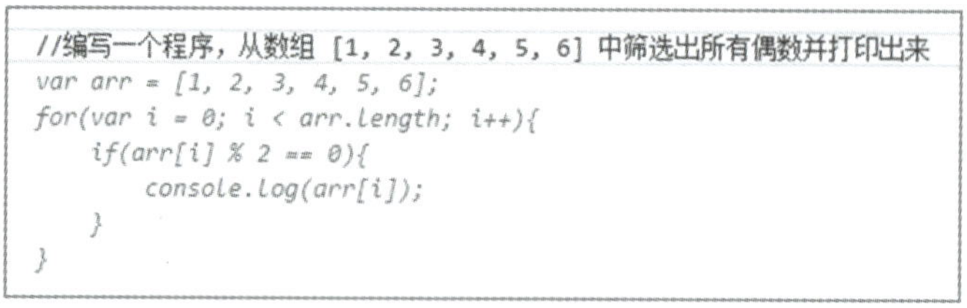

```javascript
//编写一个程序，从数组 [1, 2, 3, 4, 5, 6] 中筛选出所有偶数并打印出来
var arr = [1, 2, 3, 4, 5, 6];
for(var i = 0; i < arr.length; i++){
    if(arr[i] % 2 == 0){
        console.log(arr[i]);
    }
}
```

图 4-12

4.3.3 代码解释

在编程过程中，理解他人的代码或自己之前编写的代码，常常会成为开发路上的阻碍。Cursor 的代码解释功能就像一位随时待命的编程导师，能够清晰、准确地解释代码的含义、功能及工作原理，帮助开发者轻松攻克这些难题。

当你面对一段复杂的代码时，无论是因为项目交接需要理解他人的代码，还是回顾自己之前编写但遗忘细节的代码，只需将代码选中（如图 4-13 所示），然后在输入框中切换到 Ask 模式，再向 Cursor 提问："解释一下这段代码的功能。"（如图 4-14 所示）。

图 4-13

图 4-14

Cursor 就会给出详细的解释，帮助你快速理解代码逻辑，让代码阅读和理解变得更加轻松，如下所示：

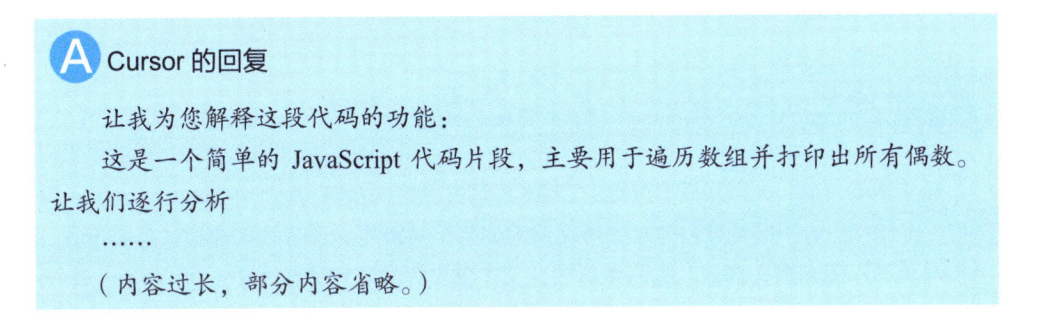

> **A Cursor 的回复**
>
> 让我为您解释这段代码的功能：
> 这是一个简单的 JavaScript 代码片段，主要用于遍历数组并打印出所有偶数。让我们逐行分析
> ……
> （内容过长，部分内容省略。）

4.3.4 问题诊断

在编程过程中，代码出错是常有的事。语法错误、逻辑漏洞、运行时异常等问题常常会让开发者陷入困境。而 Cursor 的问题诊断功能就像一位专业的代码医生，能够快速且准确地找出代码中的问题，并提供有效的解决方案。

当代码中出现语法错误，而我们自己难以发现时，借助 Cursor 就能轻松解决。比如，有如下这样一段代码，从表面上看很难发现其中的问题：

```
var arr = [1, 2, 3, 4, 5, 6];
for(var i = 0; i < arr.length; i++){
```

```
    if(arr[i] % 2 == 0){
        console.log(arr[i]);
    }
}
```

但浏览器却报错,提示有未定义的变量:

```
script.js:241 Uncaught ReferenceError: l is not defined
    at setupLightbox (script.js:241:16)
    at HTMLDocument.<anonymous> (script.js:109:5)
setupLightbox    @    script.js:241
(anonymous) @    script.js:109
```

这时,我们只需把问题发给 Cursor,让它来帮我们找到问题并解决问题:

> **? 向 Cursor 提问**
>
> 页面报以下错误:
> ```
> script.js:241 Uncaught ReferenceError: l is not defined
>     at setupLightbox (script.js:241:16)
>     at HTMLDocument.<anonymous> (script.js:109:5)
> setupLightbox    @    script.js:241
> (anonymous) @    script.js:109
> ```

Cursor 很快就会发现问题所在,数组第一个元素是字母 l,而实际上应该是数字 1。

4.4 探索 Cursor 的 3 种工作模式

在使用 Cursor 进行编程的过程中,深入理解并熟练掌握其 Agent、Ask、Manual 这 3 种工作模式,对于提升开发效率、优化编程体验至关重要。这 3 种工作模式各有所长,分别适用于不同的编程场景,为开发者提供了丰富多样的编程选择。

4.4.1 智能编程领航员:Agent 模式

Agent 模式是 Cursor 的核心功能之一,它如同开发者的智能伙伴,能够与代码库深度交互,为开发者提供精准且实用的帮助。在前面 "一句话实现一个网站" 的实战中,我们已初步见识了 Agent 模式的强大功能,其核心能力主要体现在以下几个方面。

1. 自动提取上下文

在复杂的代码库中,Agent 模式就像一位拥有敏锐洞察力的助手,能够自动提取相关上下文信息。当开发者遇到代码问题或需要生成特定代码时,它能迅速锁定关键信息,无须手动筛选大量代码，就能快速定位与任务相关的代码片段，从而节省大量的时间和精力。

2. 运行终端命令

开发者经常需要在编辑器和终端之间频繁切换以执行命令行操作，这一过程不仅烦琐，还容易出错。Agent 模式让这一过程变得轻松便捷。开发者无须离开编辑器，Agent 会自动执行终端命令。无论是给文件赋权限、运行测试脚本，还是执行代码构建命令，都能自动完成，这大大提高了开发的连贯性和效率。

3. 文件操作

文件的创建、修改和删除是开发过程中的常见操作。Agent 模式简化了这些操作，通过简单的命令，开发者就能快速完成文件操作。例如，想要创建一个新的 Python 文件，只需输入相关命令，Agent 就能自动创建文件，并根据项目结构和约定，生成必要的文件模板，这减少了手动创建文件的烦琐步骤。

4. 语义搜索

在庞大的代码库中查找特定功能的代码片段往往如同大海捞针。Agent 模式的语义搜索功能则有效解决了这个难题，它突破了传统关键词搜索的局限，能够理解代码的语义和逻辑关系。开发者只需输入对代码功能的描述，Agent 就能精准找到对应的代码片段，甚至能找到功能相似但代码实现不同的片段，为开发者提供更多的参考和灵感。

5. 工具调用

面对复杂的开发场景，Agent 模式展现出强大的适应性，它最多支持连续调用 25 个工具。在开发一个全栈 Web 应用时，Agent 可以依次调用代码生成工具、代码检查工具、数据库迁移工具等，自动完成从项目搭建到部署的多个环节，中途无须用户过多干预，这大大提升了开发的自动化程度和效率。

4.4.2 智能答疑：Ask 模式

Ask 模式是 Cursor 的"智能答疑模块"。在编程过程中，无论是遇到技术难题、需要获取信息，还是对某些概念感到困惑，Ask 模式都能提供及时且精准的帮助。

> **提示** 无论是对代码功能的理解、对语法的运用，还是对编程概念感到模糊，都可以向 Ask 模式下的 Cursor 提问。

当你阅读一段代码时，若对某个函数的功能存疑，选中代码后在输入框中输入："解释这段代码的功能。"Cursor 会详细剖析代码逻辑、每一步的作用及应用场景。如果你对某个 Java 类的使用方法不熟悉，则可提问："如何正确使用这个 Java 类。"Cursor 会给出详细解答，包括常见的使用示例、注意事项等。

> **提示** 当开始一个新项目时，不知道如何选择框架、组件，可以在 Ask 模式下询问 Cursor："要实现一个个人网站，可以采用哪些开源框架。"或者当要新增一个功能时，也可以在 Ask 模式下询问 Cursor 有哪些备选方案。

学习新编程语言或框架时，Ask 模式的作用显著，能帮助你快速理解代码示例，为你解答学习中的各种问题，让编程学习更轻松和高效。在团队协作开发中，接手他人代码时，Ask 模式能助力你迅速熟悉代码逻辑，降低沟通成本。

4.4.3 精准控制：Manual 模式

Manual 模式取代了原有的 Edit 模式，是 Cursor 的"手动精细调整工具"。该模式用于在你确切知道需要进行哪些更改，以及在哪里进行更改时，进行有针对性的代码修改。

> **提示** 与 Agent 模式不同，Manual 模式不会搜索代码库或运行终端命令，它完全依赖我们的具体指令和指定的文件。

使用 Cursor 生成一个 HTML 页面的代码后，若觉得页面样式不够美观，则可在 Manual 模式下告知 Cursor："将发送消息的按钮改为绿色，并添加鼠标悬停变色效果。"值得注意的是，此时需要使用@符号来指定相关文件。相关提问和 Cursor 的回复如下所示：

? 向 DeepSeek 提问

@styles.css @index.html 将发送消息的按钮改为绿色，并添加鼠标悬停变色效果。

A Cursor 的回复

根据您提供的文件内容，我将修改发送消息按钮的颜色为绿色，并添加鼠标悬停变色效果。以下是建议的修改方式：

```css
/* 发送消息按钮样式 - 将其添加到 styles.css 文件中 */
form .btn {
    cursor: pointer;
    border: none;
    background-color: #4CAF50; /* 改为绿色 */
    display: block;
    width: 100%;
    transition: all 0.3s ease;
```

```
}

form .btn:hover {
    background-color: #45a049; /* 鼠标悬停时按钮为深绿色 */
    transform: translateY(-3px);
    box-shadow: 0 5px 15px rgba(0, 0, 0, 0.2);
}
```

这些修改：

1. 将联系表单的提交按钮从原来的蓝色(`var(--secondary-color)`)改为绿色(#4CAF50)
2. 添加鼠标悬停变色效果，使按钮变为深绿色(#45a049)
3. 保留了原有的向上浮动效果和阴影效果

您只需将上面的 CSS 代码添加到`styles.css`文件中就可以了。这些样式会覆盖之前定义的按钮样式，同时保持其他样式不变。建议将这段代码放在第 330 行左右的联系表单样式部分。

在`index.html`文件中，按钮已经有适当的类名(`class="btn"`)，所以不需要对 HTML 进行任何修改。

与 Agent 模式不同，Manual 模式下不会自动将生成的代码应用到文件中，需要开发者手动单击代码块右上角的【Apply to ...】按钮来完成修改，如图 4-15 所示。

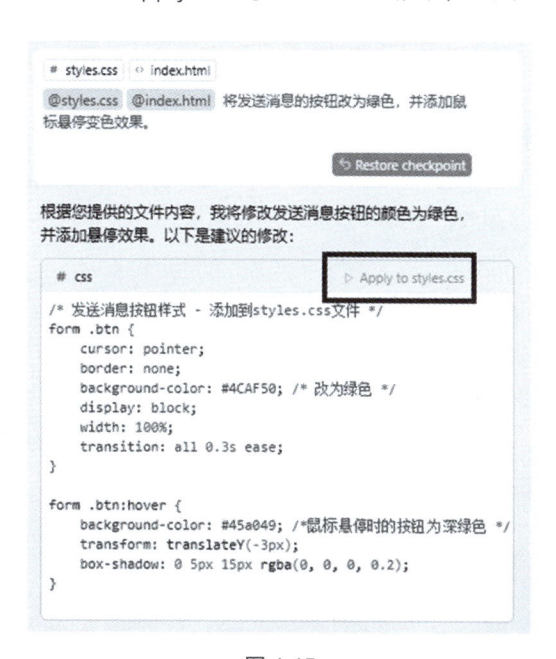

图 4-15

> **提示** Manual 模式适合那些有明确代码修改思路的开发者，因为它要求开发者清楚知道要修改哪些代码。相较于 Agent 模式，Manual 模式对开发者的编程基础有一定的要求，新手开发者更适合从 Agent 模式入手。

4.5 发布网站的全流程

在使用 Cursor 完成网站的开发后，接下来就进入重要的网站发布阶段。网站发布涉及多个关键环节，包括域名和服务器的选择与配置、网站的部署，以及后续的基础运维工作。本节将为你详细介绍每个环节的要点和操作方法，帮助你顺利地将网站推向互联网。

4.5.1 获取网站网络标识：注册域名

域名就像网站在互联网上的"门牌号"，方便用户记忆和访问。当选择域名时，要遵循简单易记、与网站主题相关的原则。

注册域名可以通过各大域名注册商进行，如阿里云、腾讯云等。在注册过程中，需要查询域名是否被占用，并按照注册商的流程填写相关信息、完成支付流程。

4.5.2 给网站找家：选择服务器

服务器是存储网站文件、运行网站程序的地方。常见的服务器类型有虚拟主机、云服务器和独立服务器。

- 虚拟主机成本较低，适合小型网站或个人网站。
- 云服务器具有弹性扩展、稳定可靠的特点，适用于中等规模的网站。
- 独立服务器性能强大，但成本较高，一般用于大型企业网站或对性能要求极高的网站。

在选择服务器时，要综合考虑网站的访问量、数据存储需求、预算等因素。例如，预计个人摄影作品展示网站前期访问量不会太大，可以选择价格适中的虚拟主机，等网站发展壮大后再升级到云服务器。

购买服务器后，你会得到一个服务器的公网 IP。这时，还需要进行域名解析，这样其他人才能通过域名访问你的网站。

> **提示** 域名解析是将域名与服务器的 IP 地址进行绑定的过程。

登录域名注册商的管理后台，找到域名解析设置页面。添加一条 A 记录，将域名指向服务器的 IP 地址。例如，服务器的 IP 地址是"192.168.1.100"，就在 A 记录中填写域名和该 IP 地址。解析生效时间一般在几分钟到几小时不等，这期间可以通过 ping 命令检查解析是否成功。

4.5.3　合规必备流程：网站备案

根据相关法律法规，在中国大陆地区，网站上线前必须完成备案。未备案的网站无法使用国内的服务器进行访问。备案是为了规范互联网信息服务活动，保障互联网信息安全。

不同的服务器提供商的备案流程虽略有差异，但大致步骤相同。

（1）在服务器提供商的备案系统中注册账号并登录。

（2）按照系统提示填写网站信息，包括网站名称、网站域名、网站用途、网站负责人等信息。

（3）需要上传相关证件的扫描件，如身份证、营业执照（如果是企业网站的话）等。

（4）提交备案信息后，服务器提供商会进行初审，检查信息的完整性和真实性。

（5）初审通过后，备案信息将被提交至当地通信管理局进行最终审核。审核时间一般在 20 个工作日左右，审核结果会通过短信或邮件通知。

4.5.4　部署网站：上传网站文件

在拥有域名和服务器后，需要将网站文件上传至服务器。使用 Cursor 开发的网站，通常会生成 HTML、CSS、JavaScript 以及相关图片、字体等文件。可借助 FTP（文件传输协议）工具，如 WinSCP，实现网站文件的上传。在 WinSCP 中，填写服务器的 FTP 地址、用户名和密码，连接成功后，将本地网站文件目录中的所有文件上传至服务器的指定目录，一般为网站根目录。

第 5 章
提升 Cursor 开发效率与保障质量

通过前面章的介绍，我们对 Cursor 的基础应用有所了解。本章将探讨如何让 Cursor 更好地服务于我们的开发工作。

5.1 让 Cursor 更懂开发者

在开发过程中，熟练使用开发工具，能够显著提升工作效率。下面详细介绍一系列实用功能，让你与 Cursor 的协作更加顺畅，实现开发效率的大幅提升。

5.1.1 规范 Cursor 的代码生成行为：定制专属规则

Cursor 允许用户通过规则文件定义其在生成代码时应遵循的规则。

1. 为什么要用规则

- **定制 AI 行为**：不同项目对代码有着不同的要求，借助规则可以让 AI 根据项目的需求生成不同的代码，确保生成的代码更具针对性。例如，在一个专注于数据可视化的项目中，可以设定规则让 Cursor 优先使用某种数据可视化库（如 D3.js），并按照项目统一的图表风格规范生成代码。
- **保证一致性**：在项目开发中，保持代码风格和规范一致至关重要。通过在规则中定义编码标准和最佳实践，能保证 AI 生成的代码符合项目规范，从而保证整体的一致性。比如，在 JavaScript 项目中，规定统一使用 ES6 的语法规范、特定的函数命名方式，以及代码注释格式等。
- **能够感知上下文**：项目往往有其独特的架构、常用方法和依赖库。通过规则，可以为 AI 提供这些重要的上下文，从而让 AI 能够更好地感知上下文，使它生成的代码更符合项目的实际需求。比如，告知 Cursor 项目采用微服务架构，以及服务之间的通信方式，这样 Cursor 就能更好地按照项目需求生成代码。
- **提高生产力**：明确定义的规则，可以让 AI 生成的代码更符合实际需求，减少手动编辑的工作量，从而提高生产力。比如，一个电商项目，通过规则定义商品列表页面的代码结构和交互逻辑，这样 Cursor 就能生成基本符合要求的代码，开发者只需要进行少量调整即可使用。
- **便于团队协调**：在团队项目中，共享 .cursorrules 文件可以确保所有成员在开发过程中获得一致的 AI 帮助，有助于统一编码风格，便于团队协调。当团队成员按照相同的规则进行开发时，代码的可读性和可维护性都会大大提高。
- **方便 Cursor 理解项目特定知识**：规则文件还可以包含项目结构、依赖关系，以及独特的业务需求等信息，以帮助 Cursor 提供更准确、更符合项目实际情况的建议。比如，项目中使用了特定的数据存储结构，并且在规则中说明了，这样 Cursor 就能生成适配这种数据存储结构的代码。

2. 如何设置规则

（1）打开 Cursor，单击右上角 ⚙ 图标，如图 5-1 所示。

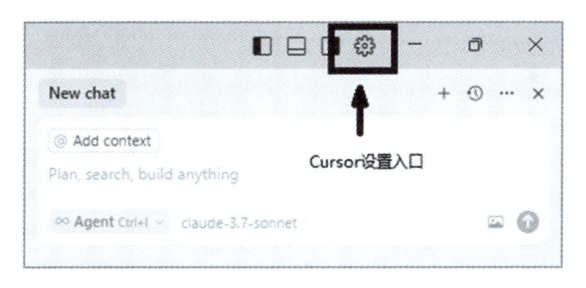

图 5-1

（2）进入 Cursor 设置页面，在左侧菜单栏中单击"Rules"选项，如图 5-2 所示。

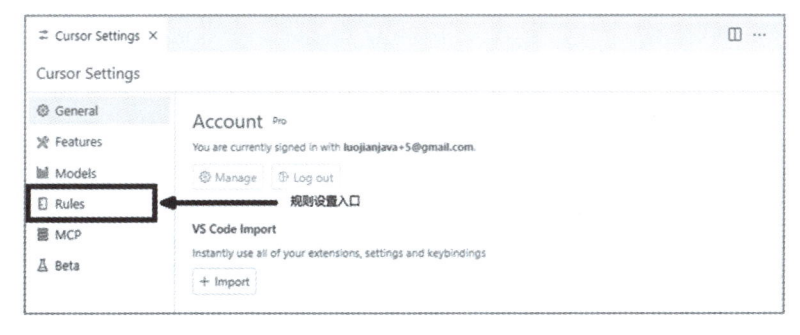

图 5-2

（3）进入"Rules"页面，可以看到两部分内容，上方是适用于所有项目的"User Rules"（用户规则），下方则是针对指定项目的"Project Rules"（项目规则），如图 5-3 所示。

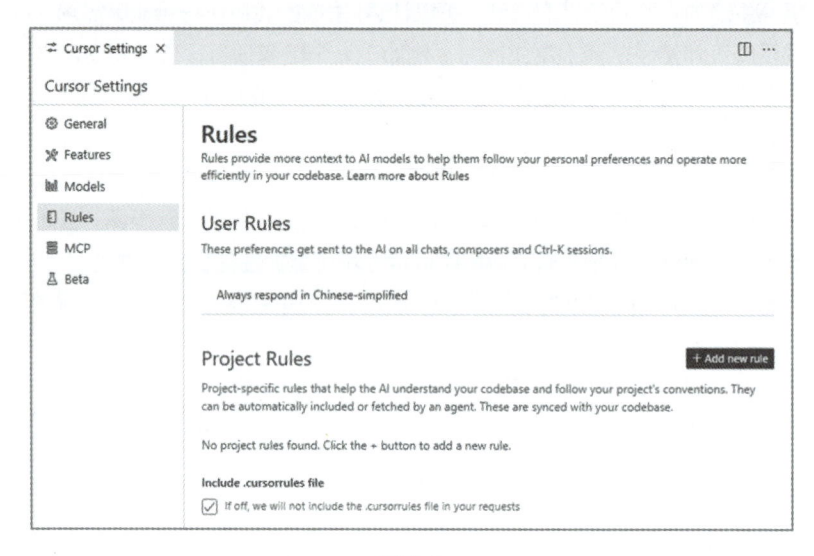

图 5-3

3. 用户规则（User Rules）

用户规则是指适用于全局的规则，涵盖 AI 回复使用何种语言、代码注释、文档规范等方面。例如：

```
总是用中文回复
为复杂逻辑添加注释说明
使用清晰简洁的语言解释概念
每次@文件需要重新读取文件
每次生成新的功能模块，都要添加说明到 README.md 文档中
```

4. 项目规则（Project Rules）

在规则设置页面中，单击"Project Rules"旁边的【Add new rule】按钮，就能为当前项目添加专属的规则。在这里，我们可以根据项目所使用的技术栈，定义相应的开发规则。

以第 4 章的网站案例为例，可采用以下文件命名规范：

```
### 文件命名规范

**HTML 文件**：使用小写字母并以连字符分隔的描述性名称（例如，
product-details.html、user-profile.html）。
```

CSS 文件：与 HTML 文件类似，使用小写字母并以连字符分隔的描述性名称（例如，main.css、styles.css、components.css）。
JavaScript 文件：文件名使用驼峰命名法（例如，utils.js、htmxConfig.js）。
组件文件：文件名应体现组件的用途（例如，product-card.html、search-form.html）。
图像文件：使用与图像内容相关的描述性名称（例如，product-image-1.jpg、user-avatar.png）。

若是 Python 项目，则可以添加专属于 Python 的规则，例如：

```
## 1. 代码组织与结构

### 1.1. 目录结构最佳实践
**扁平化优于嵌套（但并非总是如此）**：从简单的结构开始，根据需要进行重构。
**包与模块**：使用包（包含__init__.py 的目录）对模块进行逻辑分组。
**src 布局**：考虑使用 src 目录将应用程序代码与项目级文件（如 setup.py、requirements.txt 等）分开。这有助于避免导入冲突，并明确项目边界。
**典型项目结构**：

project_name/
├── src/
│   ├── package_name/
│   │   ├── __init__.py
│   │   ├── module1.py
│   │   └── module2.py
│   └── main.py  # 入口点
├── tests/
│   ├── __init__.py
│   ├── test_module1.py
│   └── test_module2.py
├── docs/
│   ├── conf.py
│   └── index.rst
├── .gitignore
├── pyproject.toml 或 setup.py
├── README.md
└── requirements.txt 或 requirements-dev.txt
……

### 1.2. 文件命名规范
**模块**：使用小写字母的名称，为提高可读性用下画线分隔（例如，my_module.py）。
**包**：使用小写字母的名称（例如，my_package）。除非必要，否则避免使用下画线。
**测试文件**：以 test_开头的名称（例如，test_my_module.py）。

……
（内容过长，部分内容省略）
```

5. 自动生成规则

Cursor 在 0.49 版本之后，增加了自动生成规则的功能。只要在对话框中输入斜杠（"/"），再单击【Generate Cursor Rules】按钮，如图 5-4 所示，Cursor 就会自动扫描项目，然后生成项目规则文件。

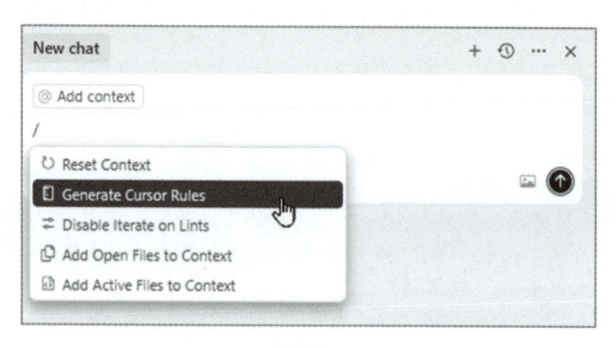

图 5-4

5.1.2 精准控制 Cursor 的文件扫描范围：使用 cursorignore

在开发过程中，Cursor 并不需要对项目中的所有文件都进行分析和提供建议。有时，一些文件可能包含大量的子文件。这些文件对 Cursor 提供代码建议并无太大帮助，还可能会增加 Cursor 的处理负担，降低运行效率。

这时，cursorignore 就派上用场了，它能让你精准控制 Cursor 的文件扫描范围，按你的心意扫描文件。

> **提示** cursorignore 的使用方式和 .gitignore 文件的使用方式类似：通过创建一个 .cursorignore 文件，从而明确指定 Cursor 在分析项目时应该忽略的文件和目录。这样 Cursor 就会跳过这些被指定的文件和目录，专注于对你真正关心的内容进行分析和提供建议。

1. 为什么要使用 cursorignore

（1）提升效率：大型项目中包含众多文件和目录，如前端项目中的 node_modules 目录中存放了大量依赖包，这些依赖包代码量庞大，且一般不需要修改。Cursor 扫描这些文件会耗费大量时间，使用 cursorignore 忽略该目录，可大幅提升 Cursor 的扫描速度。

（2）避免干扰：部分文件可能存在格式不规范或格式特殊的代码，容易干扰 Cursor 对核心代码的理解和分析。忽略这些文件，能使 Cursor 专注于关键代码。

（3）保护隐私：项目中可能存在包含敏感信息的文件（如配置文件中存放的数据库密码、API 密钥等），使用 cursorignore 可防止这些文件被 Cursor 扫描，保障项目安全。

2. 如何设置 cursorignore

在项目的根目录下创建一个名为.cursorignore 的文件（这个文件名就是以"."开头的，是隐藏文件，在 Windows 资源管理器里默认是看不到的，但在 Cursor 中是可见的）。如果已经存在该文件则直接编辑它。在该文件中每行指定一个要忽略的文件或目录。例如：

```
# 忽略整个 node_modules 目录（包含其所有子目录和子文件）
node_modules/

# 忽略所有.log 文件
*.log

# 忽略名为 temp 的目录
temp/

# 忽略特定的文件，如某个测试数据文件
testData.csv
```

3. 使用通配符和注释

cursorignore 文件支持使用通配符来进行模糊匹配，这样可以更灵活地指定忽略规则。例如：

- "*.txt"会忽略所有扩展名为.txt 的文件。
- "docs/*.md"会忽略 docs 目录下所有扩展名为.md 的文件，但不会忽略 docs 目录下子目录中的.md 文件。
- "docs/**/*.md"会忽略 docs 目录及其所有子目录下扩展名为.md 的文件。

> **提示** 单体架构，将所有的功能模块都放在一个代码库中，并作为一个系统进行开发、部署和扩展。在许多应用的早期，单体架构是首选，因为它简单、易于开发和测试。但随着时间的推移和业务的发展，单体架构会逐渐显得臃肿，代码间的依赖关系复杂，维护和扩展变得困难。

5.1.3 指定要扫描的文件或目录：使用@Files&folders

在软件开发过程中，我们常常不需要对整个项目代码库进行扫描，而只需要关注特定的文件或目录。

Cursor 的@Files&folders 指令能很好地满足这个需求，它允许开发者灵活指定要扫描的文件或目录，从而实现更精准、更高效的代码分析。

1. @Files&folders 的应用场景

（1）针对某个特定功能的代码审查：当你负责维护项目中的某个特定功能时，可能仅需对该功能的相关文件或目录进行代码审查。

例如，在一个社交应用中，你负责消息推送功能，该功能的代码主要集中在 push-notifications 目录下的几个文件里。使用@Files&folders 指令指定扫描这些文件或目录，Cursor 就能专注于这些代码，为你提供关于代码风格、逻辑错误、安全漏洞等方面的检查和建议，避免被其他代码干扰。

（2）代码优化与调试：在对代码进行优化或调试时，通常只需要针对特定的区域进行分析。

假设发现项目中某个模块的性能不佳，经过初步排查，怀疑问题出在 performance-critical 目录下的几个文件中。此时，使用@Files&folders 指令指定对这些文件或目录进行扫描，Cursor 可以帮助你分析代码的复杂度、执行效率等方面的问题，并给出优化建议，从而提高代码的性能。

（3）多版本代码的兼容性检查：在处理项目的不同版本或不同分支时，可能需要检查特定文件或目录在不同版本之间的兼容性。

例如，你正在对项目进行版本升级，需要确保 new-feature 目录下的代码在新旧版本中都能正常运行。使用@Files&folders 指令指定对该目录进行扫描，则 Cursor 可以对比不同版本之间的代码差异，检查是否存在兼容性问题，并提供相应的解决方案。

2. 如何使用@Files&Folders

使用@Files&Folders 指令时，只需在 Cursor 的对话框中输入@，并在指令列表中选择 Files&Folders（如图 5-5 所示），然后搜索和选择要扫描的文件或目录路径。

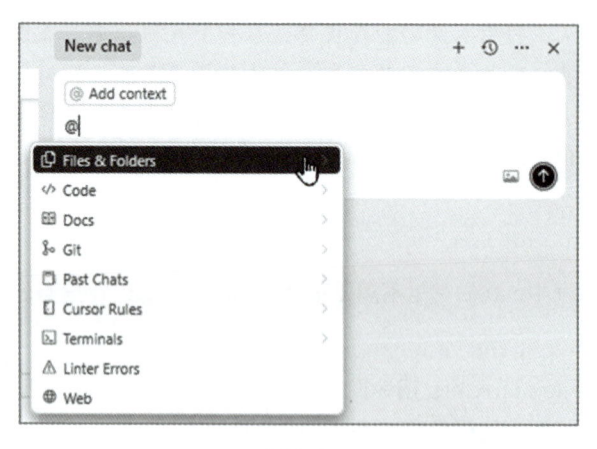

图 5-5

如果想检查项目中的 scripts.js 文件，则可以输入指令"请检查文件@script.js，以检查该文件是否存在语法错误"。其中"@script.js"是通过@Files&Folders 功能选中的，Cursor 会对 @script.js 文件进行扫描，查找其中的语法错误，并将结果反馈给你。

> **❓ 向 Cursor 提问**
>
> 请检查 @script.js 是否存在语法错误。

Cursor 阅读代码后，发现问题：

> setupLightbox 函数被定义为全局函数，但在文件末尾却有多余的大括号和分号，这是不符合语法规范的。
> 正确的做法是，要么将 setupLightbox 函数放在 DOMContentLoaded 事件监听器内部，要么确保事件监听器函数正确闭合。

3. 使用 @Files&Folders 的注意事项

（1）确保准确性：确保指定的文件或目录路径准确无误。如果有错误，则 Cursor 将无法找到对应的文件或目录，从而无法进行有效的扫描。在输入目录路径时，要仔细检查拼写和层级结构。

（2）考虑性能：虽然使用 @Files&Folders 相比扫描整个代码库更加高效，但如果指定的目录包含大量文件，则扫描过程可能仍需要一定的时间。

5.1.4 高效访问文档资源：使用 @Docs 访问在线文档与自定义知识库

在软件开发中，快速查阅技术文档是高频需求。Cursor 的 @Docs 指令通过深度整合官方在线文档与自定义知识库，由 AI 去阅读，这样可以显著提升编码效率。

1. @Docs 的核心功能与应用场景

Cursor 已经预集成了主流框架（如 React、Vue）、工具（如 Tailwind CSS、Docker）的权威文档。

（1）输入 @，选择 Docs，如图 5-6 所示。

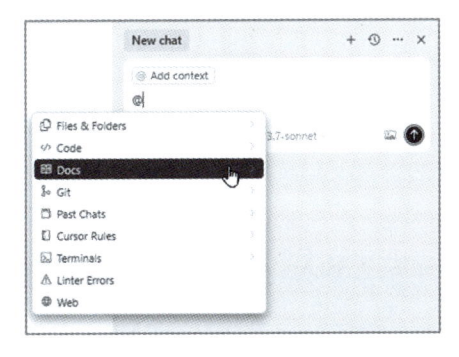

图 5-6

（2）输入技术名称（如 tail），即可搜索到相应的官方在线文档（Tailwind CSS），如图 5-7 所示。这说明，Official 不是这个文档的名称，只是 Cursor 内置文档的标签，以便与用户自己添加的文档进行区分。

开发者不需要自己去阅读文档，让 AI 根据这些文档来生成相应代码。

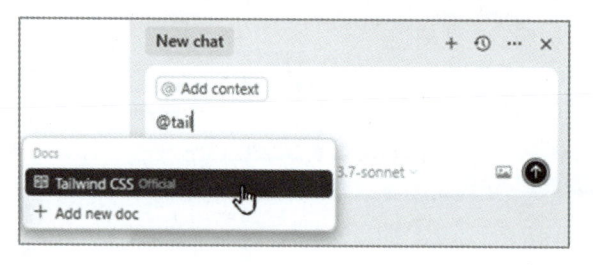

图 5-7

2. 管理自定义文档

Cursor 还允许用户导入自定义的文档。在对话中可以同时引用官方在线文档、技术博客、IT 问答网站中的内容等多种资源。例如，在编写 HTML 代码时，输入@Tailwind CSS 可以直接引用 Tailwind CSS 官方在线文档的所有方法说明，从而更好地修改 HTML 样式。

（1）进入 Cursor 设置，然后单击 Features，在 Docs 右侧单击【Add new doc】按钮，如图 5-8 所示。

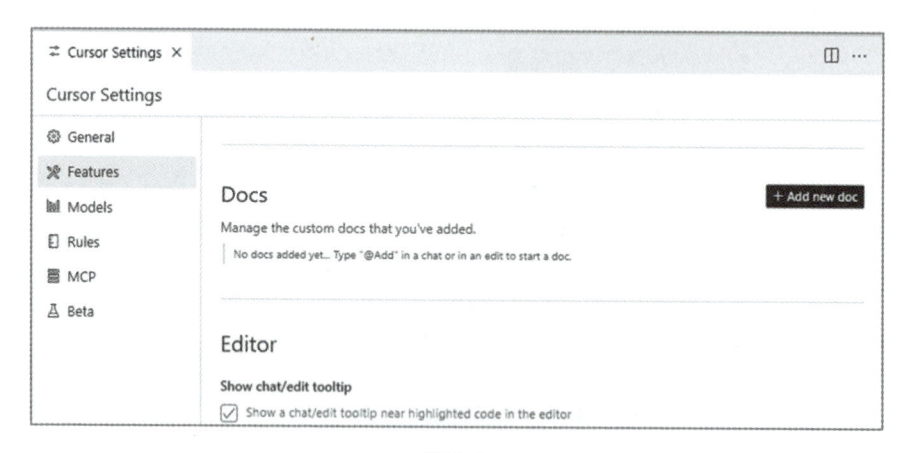

图 5-8

（2）进行 Add new doc 界面，输入文档 URL 后，再添加文档名称，再单击【Confirm】按钮，如图 5-9 所示。

图 5-9

Cursor 会自动爬取并解析文档内容，完成后可输入@，选择 Docs，之后搜索文档名称以调用刚刚添加的文档。

> **提示** 通过@Docs 指令，开发者可将分散的技术文档转化为可直接调用的智能上下文，从而显著提升代码质量与开发效率。结合自定义的知识库，则可以构建企业级的智能开发生态。

5.2 怎么规避开发风险

在开发项目过程中，Cursor 能大幅提升效率，但其生成的代码可能因逻辑偏差、依赖冲突等问题引入潜在风险。本节就介绍相关方法以规避开发风险。

5.2.1 谨慎使用 Accept all（全部接受）

在使用 Cursor 等 AI 开发工具时，"Accept all"（全部接受）功能虽然能提升效率，但也存在潜在风险。不加审查地全部接受 AI 生成的所有代码或修改建议，则可能导致代码质量下降、引入安全漏洞，甚至破坏项目稳定性。

1. **主要风险**
- 代码逻辑问题：AI 可能生成不符合业务需求的代码（如错误的支付逻辑、过时的库引用），从而导致功能异常或产生安全漏洞。
- 文件修改风险：批量修改时可能误改敏感信息，引发依赖冲突，或破坏团队统一的代码风格。

2. **安全实践**
- 测试验证：对业务逻辑、安全相关代码（如认证、支付）进行手动测试和验证，拒绝未经验证的建议。

- 工具辅助：结合一些静态分析工具扫描语法和规范问题，补充人工代码评审。
- 权限控制：关闭"自动执行修改"功能，限制 AI 对核心文件（如配置文件、核心模块）的写入权限。

3. 可接受场景

- 简单的格式调整（如缩进、补充分号）。
- 安全依赖的更新（如修复非高危漏洞）。
- 模板化代码。

5.2.2 使用 Git 管理代码版本

为应对 Cursor 生成代码的风险，可使用 Git 管理代码版本。通过其"及时提交验证版本 + 快速回滚异常变更"功能，可以确保 AI 生成的代码可控、可追溯、可修复。

为防止 AI 误操作导致文件丢失（如批量删除核心模块），应确保所有变更均可通过版本历史找回。下面介绍如何使用 Git 管理代码版本。

1. 注册 Gitee 账号

打开 Gitee 首页，单击右上角的【注册】按钮，进入注册页面（如图 5-10 所示）。

图 5-10

2. 新建仓库

进入 Gitee 主界面后，单击右上角的【+】，再选择【新建仓库】，如图 5-11 所示。

出现新建仓库页面，输入仓库名称和路径，选中"私有"单选按钮，然后单击【创建】按钮，如图 5-12 所示。

图 5-11

图 5-12

3. 初始化仓库

在 Cursor 中，单击【版本管理入口】图标 ，然后单击【初始化仓库】按钮，如图 5-13 所示。

图 5-13

4. 添加远程仓库

回到 Gitee 中刚刚创建的仓库页面，单击【HTTPS】按钮，再单击【复制】按钮（如图 5-14 所示），此时仓库地址已经复制到系统的粘贴板中。

图 5-14

在 Cursor 的版本管理功能中，单击【…】按钮打开菜单，再选择【远程】>【添加远程存储库】（如图 5-15 所示），会弹出一个对话框，粘贴刚刚复制的远程地址到其中，如图 5-16 所示。

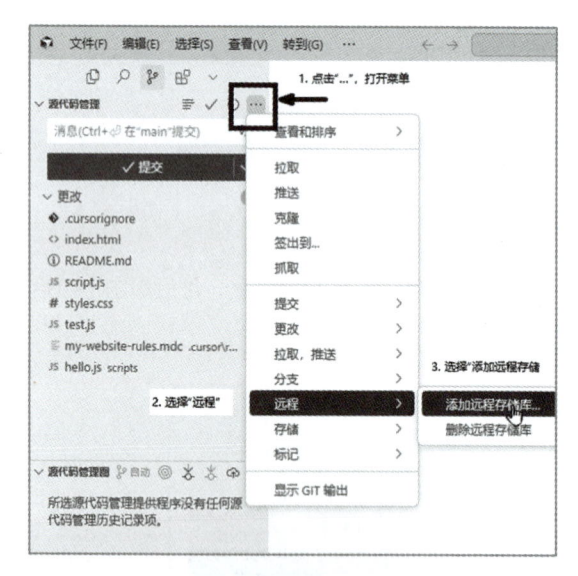

图 5-15

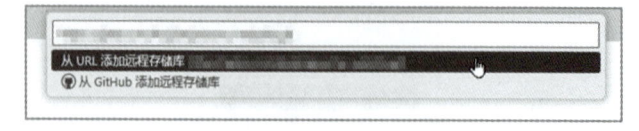

图 5-16

5. 提交和推送代码

（1）单击"更改"标签旁边的【+】按钮（如图 5-17 所示），再单击【提交】按钮旁边的下拉箭头，单击【提交和推送】（如图 5-18 所示），Cursor 开始提交和推送代码。

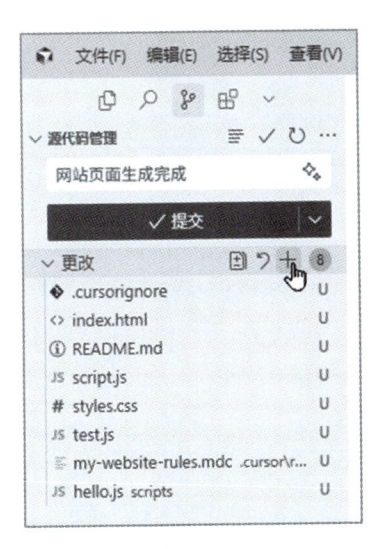

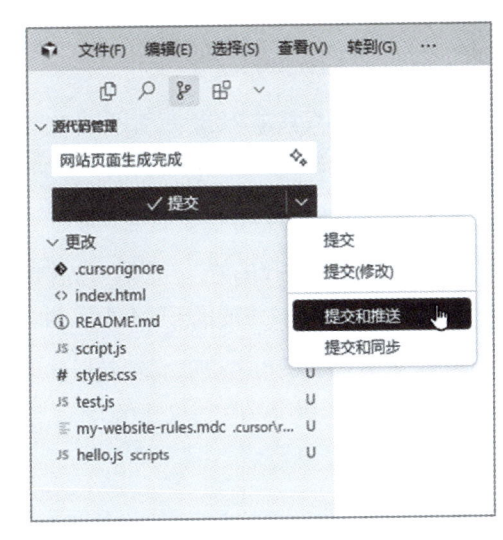

图 5-17　　　　　　　　　　　图 5-18

（2）第一次提交和推送代码时会弹出登录 Gitee 账号窗口（如图 5-19 所示），输入用户名和密码后继续。

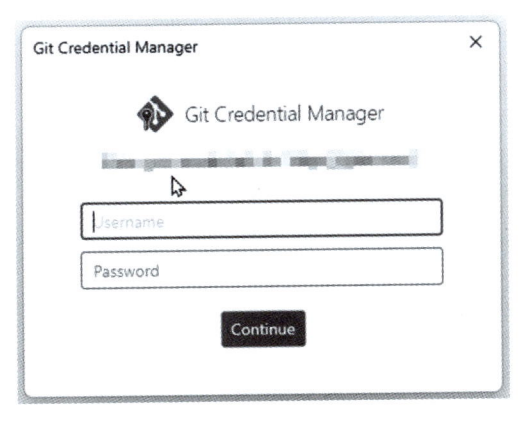

图 5-19

经过以上操作，代码已提交和推送到 Gitee 服务器中。将来如果 Cursor 生成的代码有比较多的错误，则可以还原到指定版本。

> **提示** AI生成的代码必须经过人工校验和测试验证才能提交到Gitee。应按功能模块（如"用户注册接口"）进行提交，避免将多个功能模块合并提交，便于精准回滚。

5.2.3 生成项目说明文档

开发者可以先编写需求文档，以引导AI生成符合预期的代码；AI在生成代码时同步更新项目说明文档，最终实现"需求文档→代码→项目说明文档"的闭环对齐。

1. 编写需求文档，为AI生成锚定方向

在利用Cursor生成代码前，开发者需先编写结构化需求文档，明确功能边界、技术约束和交互逻辑，让AI在生成代码时有章可循。

例如，需要新增一个用户注册功能，可以在项目根目录下创建"docs/requirements"目录，在其中新建user_registration.md，内容包括：

```
# 用户注册功能需求文档
## 1. 功能目标
- 支持手机号/邮箱注册，验证码防刷机制
- 密码需包含大小写字母+数字，长度≥8位
## 2. 技术约束
- 调用阿里云短信API发送验证码
- 密码需通过BCrypt加密存储
## 3. 交互流程
1. 用户提交注册信息→2. 后端校验格式→3. 发送验证码→4. 验证通过后写入数据库
```

在生成代码的提示词中指定这个需求文档，AI就会根据需求文档来生成相关代码。

> **❓ 向Cursor提问**
>
> 根据需求文档@user_registration.md生成用户注册功能。

根据需求文档，Cursor实现了用户注册功能。以下是实现内容的总结：

```
1. 创建了用户注册页面（register.html）和登录页面（login.html）
2. 实现了注册和登录的样式（register.css）
3. 编写了注册页面的JavaScript逻辑（registerScript.js）和登录页面的
JavaScript逻辑（loginScript.js）
4. 创建了模拟后端API（api.js）用于前端的开发和测试
5. 编写了项目说明文档（README-user-auth.md）

功能特点：
- 支持手机号和邮箱两种注册方式
```

- 密码满足需求（大小写字母+数字，长度≥8位）
- 实现了验证码发送与防刷机制（60秒倒计时）
- 表单验证和错误提示
- 模拟 API 实现了数据验证和用户创建

Cursor 会优先解析需求文档中的技术约束（如调用阿里云短信 API）和业务逻辑，避免生成不符合需求的代码。如果你不知道怎么写需求文档，则可以参考第 3 章，让 DeepSeek 来帮你生成需求文档。

2. 让项目说明文档随代码自动生成

在 Cursor 生成代码模块（如算法、API、组件）时，应同步更新项目说明文档，以避免代码迭代而项目说明文档滞后的问题。要实现这个目标，也很简单：在 User Rules 中增加下面这样的说明。

每次生成新的功能模块时，都要添加说明到 README.md 文档中

要生成更丰富的项目说明文档，则可以在生成代码的提示词后再增加项目说明文档的要求。我们回滚前面生成的注册功能，修改提示词重新生成，如下：

？ 向 DeepSeek 提问

根据需求文档@user_registration.md 生成用户注册功能，同时生成业务流程图。

A Cursor 的回复

我将根据需求文档创建用户注册功能，并生成业务流程图。
……
现在，根据需求文档和网站风格，我将创建用户注册功能。首先，我将创建注册页面和相关的 JavaScript 文件。
创建一个业务流程图的 HTML 文件，用于展示用户注册业务流程：
……
创建一个简单的后端模拟代码，展示如何实现注册功能的服务端（Node.js 版本）：
……
详细的流程图可以在 user-register-workflow.html 文件中查看。
（内容过长，省略部分内容）。

Cursor 重新生成了注册相关的页面，同时新增加了项目说明文档所需的用户注册业务流程图页面（user-register-workflow.html），其中的流程图如图 5-20 所示。

图 5-20

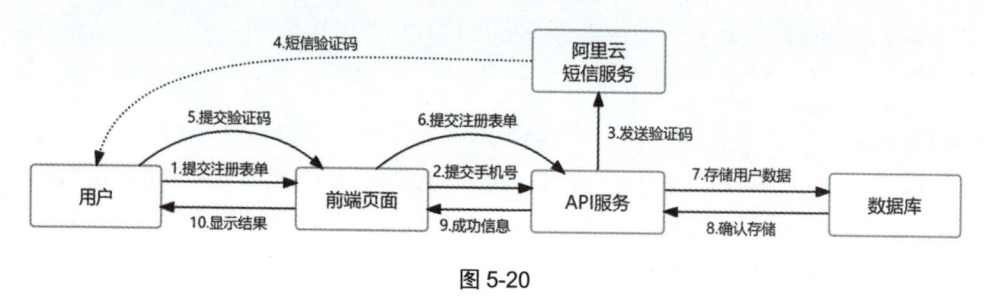

开发者与 AI 通过需求文档与项目说明文档双向协作，最终实现以下两点。

- 需求明确：用需求文档约束 AI 的生成边界，减少理解偏差导致的返工。
- 知识沉淀：项目说明文档随代码自动沉淀，避免"无人能懂 AI 生成的代码"的困境。

5.2.4 让 Cursor "自我反思"

在使用 Cursor 进行开发的过程中，让 Cursor 进行自我反思能够显著提高代码质量、优化开发流程，以及避免潜在的错误。

通过让 Cursor 对生成的代码进行回顾和分析，开发者可以更好地掌控开发进度和成果。开发者可以在提示词中明确要求 Cursor 进行自我反思。

> **? 向 Cursor 提问**
>
> 检查刚刚生成的注册代码是否存在不足或缺陷。

Cursor 在检查生成的注册代码后，发现以下不足和需要改进的地方。

（1）缺少图形验证码。

需求文档中提到"用户需要先通过图形验证码才能请求短信/邮箱验证码"，但实际代码中未实现图形验证码功能。

（2）缺少表单状态反馈。

表单验证功能已实现，当验证错误时有对应的错误提示，但是当验证成功时没有对应的成功提示。

（3）安全问题。

缺少密码强度显示，用户无法直观了解密码强度。

缺少防止自动提交的机制。

（4）用户体验不佳。

注册表单缺少加载状态,用户在提交后没有明显的"处理中"反馈。

无法在表单中切换密码可见性。

当 Cursor 反思出代码存在的问题后,开发者可以根据反思结果让 Cursor 修正代码。例如,如果表单状态反馈不完善,则可以对 Cursor 说:

> **❓ 向 Cursor 提问**
>
> 完善表单状态反馈。

Cursor 就会生成完善表单状态反馈的代码。

我们可以根据 Cursor 的反思结果,调整与 Cursor 的交互方式和开发策略。如果是让 Cursor 在复杂业务场景下进行反思,则需要提供更多的业务规则信息,这样 Cursor 才能生成准确的代码,在后续的开发中可以在需求设计阶段准备好详细的业务规则信息。

5.3 高质量提示词技巧

在 AI 开发中,提示词(Prompt)是开发者与 Cursor 沟通的主体。高质量提示词能让 Cursor 更高效地理解需求,生成符合预期的代码,并减少反复调试成本。

5.3.1 清晰定义目标:避免模糊的需求描述

高质量提示词是驱动 Cursor 高效工作的关键,需遵循"目标明确、上下文充足、结构清晰"三大原则。

低质量提示词:

> 写一个登录功能。

以上提示词未说明技术栈、交互细节、安全要求,Cursor 可能生成通用但不符合项目需求的代码。

高质量提示词:

> 在 @auth 目录中生成手机号登录组件(含验证码输入、密码强度检测),需对接后端 API
> "/api/login",要求:
> 1. 验证码按钮需有 60 秒倒计时。
> 2. 密码输入框支持明暗文切换。
> 3. 错误信息用红色字显示。

这样 Cursor 可以一次生成满意的代码。

5.3.2 提供充足的上下文：减少 AI 猜测

面对缺乏上下文的提示词，Cursor 就像是在黑暗中摸索，只能凭借通用的知识和经验去猜测开发者的意图，这很可能导致生成的代码与实际需求存在偏差。而提供丰富且准确的上下文，就能大大减少这种猜测，让 Cursor 能够更高效、更精准地完成任务。

> **提示** 如果需要对现有代码进行修改、优化或者扩展，那直接选中相关的代码是一种非常有效的方式。这样 Cursor 可以基于已有的代码逻辑和结构，更好地理解我们的需求。

例如，要修改用户注册功能：现在只支持国内的手机号码，需要增加支持国际手机号码的功能。可以直接输入提示词"增加支持国际手机号码"，这样 Cursor 会扫描全部代码，找到相关代码，再开始修改。

如果我们先选中相关的代码（如图 5-21 所示），再让 Cursor 增加功能（如图 5-22 所示），则 Cursor 可以更高效地修改相关代码。

```javascript
// 手机号验证
function validatePhone() {
    const phone = phoneField.value.trim();
    const phoneRegex = /^1[3-9]\d{9}$/; // 中国手机号格式

    if (phone === '') {
        showError(phoneField.parentElement, '请输入手机号码', 'phone-error');
        return false;
    } else if (!phoneRegex.test(phone)) {
        showError(phoneField.parentElement, '请输入有效的手机号码', 'phone-error');
        return false;
    }

    return true;
```

图 5-21

```
@ JS registerScript.js (125-139)
增加支持国际手机号码

∞ Agent Ctrl+I    claude-3.7-sonnet            Send
```

图 5-22

5.3.3 构建结构化的提示词：引导 AI 准确生成代码

在 Cursor 开发中，结构化的提示词能显著提升 AI 生成代码的准确性与效率。其核心是通过标识符和属性词构建逻辑框架，使提示词兼具人类可读性与模型解析效率。

1. 标识符：定义层级结构

使用 1. 2. 3. 3.1 3.2……这样的层级列表标识符，可以帮助 AI 快速识别逻辑关系和层次。

2. 属性词：描写语义模块

通过语义明确的关键词（如角色、规则），可以引导 AI 聚焦特定功能领域。

以下是结构化的提示词：

```
你是一个前端工程师，按下面要求生成前端代码。
生成用户注册功能，需求如下：
1．支持手机号注册和邮箱注册
2．手机号验证规则：
  2.1 支持国内和国际手机号
  2.2 国内手机号支持语音验证码和短信验证码
  2.3 国际手机号仅支持短信验证码
3．邮箱验证：全部使用验证码验证
```

第一行说明了角色和规则，引导 AI 只生成前端代码。后续明确的、层级清晰的需求说明，能帮助 AI 识别逻辑，减少因信息杂糅而导致生成偏差。

5.4 多轮对话提示词技巧

在复杂开发场景中，单轮对话往往难以覆盖全部需求。多轮对话通过分阶段引导、上下文复用和任务调度，让 Cursor 逐步理解需求细节，避免信息过载而导致生成偏差。

下面介绍多轮对话的核心技巧，帮助开发者实现从需求沟通到代码落地的全流程控制。这里将复杂开发过程分为四个阶段。

5.4.1 选择技术方案

直接向 Cursor 提问，让 Cursor 提供技术方案，开发者根据需要选择不同的方案进行开发。

> **❓ 向 Cursor 提问**
>
> 开发一个网页版"贪吃蛇"游戏，建议用什么技术方案。

Cursor 会给出两个技术方案供开发者选择。

- HTML5 Canvas：高性能图形渲染，适合动态游戏画面。
- 原生 JavaScript：轻量级，不需要依赖框架。

5.4.2 完善方案细节

根据 5.4.1 节选择的技术方案，继续完善方案细节。

> **❓ 向 Cursor 提问**
>
> 使用 HTML5 Canvas 技术方案，继续完善方案细节，并生成文档保存到 docs 目录下。

Cursor 生成更详细的方案，如图 5-23 所示，包括项目概述、技术栈、项目结构等。

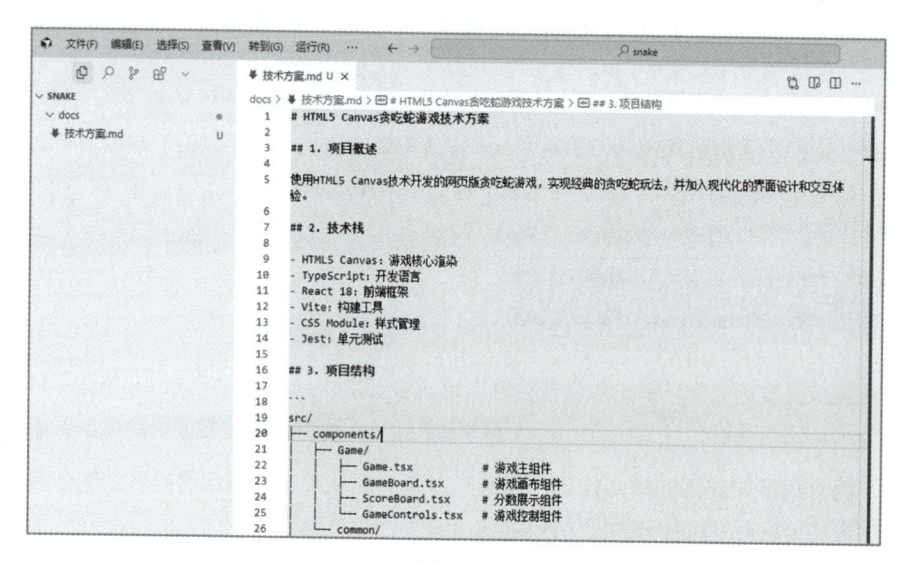

图 5-23

5.4.3 根据方案生成代码

完善方案细节后，输入以下提示词。

> **❓ 向 Cursor 提问**
>
> 根据文档@技术方案.md 实现"贪吃蛇"游戏。

Cursor 根据技术方案实现"贪吃蛇"游戏，先创建基础目录结构，然后生成配置文件，再生成页面文件，最后的效果如图 5-24 所示。

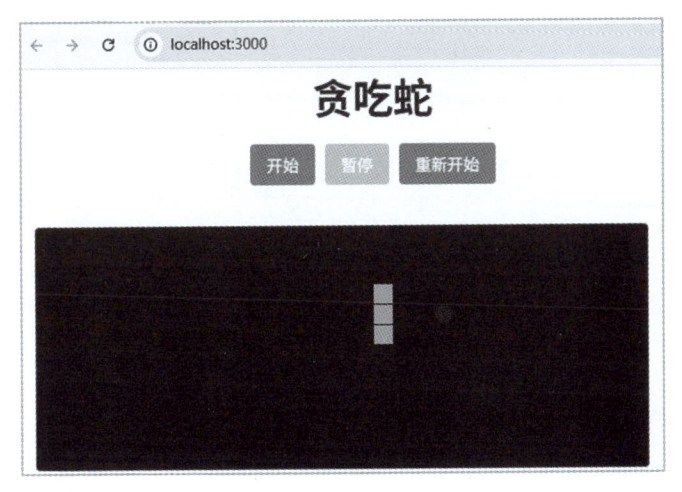

图 5-24

5.4.4 验证及优化代码

按照 Cursor 生成的说明文档，执行以下命令运行程序。

```
# 安装依赖
npm install
# 启动项目
npm run dev
```

如果运行过程中提示有错误，则直接到 Cursor 对话框中描述错误，让 Cursor 解决。例如：

> ❓ **向 Cursor 提问**
>
> 安装依赖报错。

Cursor 会寻找报错的原因，发现此时缺少"package.json"文件导致安装依赖失败。Cursor 随后创建这个文件，并写入所有必要的依赖项。

第 3 篇

项目实战——小程序、网页小游戏、桌面应用、企业级应用

第 6 章
【项目实战】智能识别食物热量的小程序"卡路里"

在数字化健康管理需求日益增长的当下,开发"卡路里"小程序不仅具有实际的市场价值,更是开发者一次绝佳的学习与实践机会。

通过开发这个项目,可以深入了解产品从需求分析到上线运营的全流程。

6.1 预览小程序

在正式进入"卡路里"小程序的设计与开发之前,先预览这款小程序的核心功能与技术亮点。

6.1.1 图解核心功能

小程序的核心功能是"拍照识别",用户操作也很简单。

(1)单击首页中橙色的拍摄按钮(如图 6-1 所示)进入拍摄界面。

(2)对准食物拍照,如图 6-2 所示。

(3)等待几秒后,呈现识别结果,如图 6-3 所示。

图 6-1　　　　　　　图 6-2　　　　　　　图 6-3

6.1.2　技术亮点：拍照识别、营养可视化、极简交互设计

1. 拍照识别

使用豆包视觉大模型（Doubao-1.5-vision-pro）拍照识别食物的种类、热量、营养等。

2. 营养可视化

使用大模型识别食物的蛋白质、脂肪、碳水化合物的含量，并以直观的数据呈现给用户。

3. 极简交互设计

只需要轻松拍照，即可完成识别。

6.2　利用 DeepSeek 设计"卡路里"小程序

下面详细介绍利用 DeepSeek 设计"卡路里"小程序的过程。

6.2.1　需求分析

在正式开发"卡路里"小程序之前，精准把握用户需求和市场趋势至关重要。这不仅有助于明确小程序的功能,还能确保开发资源得到合理利用,提高产品的市场适应性和用户满意度。

1. 用户调研与分析

(1)明确目标用户。

> **❓ 向 DeepSeek 提问**
>
> 分析智能识别食物热量类小程序的核心用户群体及潜在需求。

DeepSeek 为我们分析出核心用户群体,以及这些人群的不同需求点。

- 健身/减肥人群:关注食物热量与营养配比,以实现减脂、增肌或维持体重的目标。
- 慢性病患者人群:如糖尿病患者和高血压患者,需要严格控制特定成分的摄入,依赖科学的饮食管理来辅助疾病治疗。
- 职场白领/外卖依赖人群:往往追求高效、便捷的生活方式,乐于尝试智能工具,对小程序的交互体验和科技感有较高期望。
- 银发人群:需要操作简单、大字体界面,还需要提供饮食禁忌提示(如"红烧肉脂肪含量超标")。
- 母婴/家庭主妇人群:需要识别儿童餐的营养成分(如钙、维生素),对比生长需求。

(2)挖掘真实需求(KANO 模型)。

> **❓ 向 DeepSeek 提问**
>
> 使用 KANO 模型分析智能识别食物热量小程序的需求优先级。

DeepSeek 的回复中将需求分为以下五类。

- 基本型需求:小程序存在的基础,如精准热量识别、基础营养数据展示、便捷记录功能和隐私保护。若缺失这些功能,则用户将严重不满。
- 期望型需求:能直接提升用户满意度,像个性化热量预算、饮食分析报告、场景化功能,以及多端协同等。这是用户高频使用的关键。
- 兴奋型需求:可以为小程序打造差异化竞争的优势,例如 AI 定制食谱推荐、心理支持与激励、AR 菜品识别,以及健康风险评估等。
- 无差异需求:对用户价值不大,如复杂社交功能和过度细分报告。开发相应功能可能会造成资源浪费。
- 反向需求:如过度植入广告和推送付费内容。必须坚决避免开发相应功能。

根据分析结果,我们明确了不同需求的优先级,为后续的产品规划提供了重要依据。

2. 市场机会分析

（1）可行性评估。

> **? 向 DeepSeek 提问**
>
> 开发一个智能识别食物热量的小程序，技术难度、成本投入、预期收益如何？

DeepSeek 回复中的主要内容如下。

- 技术方面：核心功能（如图像识别与 AI 算法、营养数据库构建和个性化推荐系统）面临一定挑战，需要跨领域团队协作和大量数据支持，但采用成熟的技术方案和合作可以降低难度。
- 成本投入：包括开发阶段的团队组建、数据的采集与标注、技术基础设施建设，以及合规与安全等费用；运营阶段的维护成本、市场推广和用户运营等费用。
- 预期收益：来源于 C 端用户变现（订阅收入和广告收入），以及与 B 端用户合作（企业健康服务和餐饮数据服务），盈利周期预计在 2~3 年。
- 项目也面临技术风险（如识别准确率不足和数据合规风险）、市场风险（竞争激烈）和运营风险（用户增长乏力）。通过持续优化算法、聚焦垂直场景和加入社交激励等措施可以有效降低这些风险。

总体而言，智能识别食物热量小程序具有较高的市场潜力，但需要合理规划和长期投入。

（2）竞品分析。

> **? 向 DeepSeek 提问**
>
> 列举 3 个智能识别食物热量 App 竞品。

DeepSeek 帮我们列举了 3 个竞品，并对这些竞品进行了详细分析，包括其核心功能、优势、用户"吐槽"点，以及市场表现等。以某知名竞品为例，它具有强大的拍照识别功能，支持多种食物类型，数据库覆盖广泛，还提供健康管理工具和增值服务，在市场上拥有较高的用户量和活跃度。然而，也存在一些不足，如免费版广告较多，复杂混合菜品识别误差较大等。

通过与竞品的对比，我们明确了"卡路里"小程序的差异化竞争方向，如提升复杂场景下识别准确率、强化个性化服务和优化用户体验等。

6.2.2 产品规划

接下来进行全面的产品规划,以确保小程序能够满足用户需求。由于本章主要作用是教学,所以不介绍商业模式和商业价值方面的内容。

1. 产品定位

(1)明确目标市场。

> **? 向 DeepSeek 提问**
>
> 分析智能识别食物热量小程序在不同人群的市场规模、增长潜力和竞争情况。

DeepSeek 的分析结果显示,以下人群是主要的潜在用户群体。

- 健身/减肥人群:市场规模庞大,增长潜力较高,但竞争激烈,他们对热量摄入与消耗的精准记录和动态饮食计划调整需求强烈。
- 慢性病患者人群:市场潜力巨大,但医疗合规门槛高,他们需要可以与医疗数据联动的精准饮食管理工具。
- 职场白领/外卖依赖人群:市场规模较大,增长潜力中等,对快速识别外卖食品热量有较高需求。
- 银发人群:市场随着老龄化加剧逐渐扩大,但技术适配成本大,他们需要简单易用、具备代际协同管理功能的工具。
- 母婴/家庭主妇人群:关注儿童营养均衡,需求分散,需要针对儿童的个性化饮食计划和家庭多人饮食管理功能。

应针对不同人群制定相应的市场策略,如针对健身/减肥人群强化社交属性,与健身博主合作推出联名食谱;针对慢性病患者人群,应整合医疗生态,与医疗器械厂商合作实现数据联动;针对职场白领/外卖依赖人群,嵌入场景化工具,与外卖平台合作提供低卡套餐推荐;针对银发人群,进行代际协同设计,方便子女远程管理父母饮食;针对母婴/家庭主妇人群,深挖垂直场景,提供分龄段饮食计划和母婴电商导购服务。

(2)确定差异化定位。

> **? 向 DeepSeek 提问**
>
> 分析智能识别食物热量小程序在功能、用户体验和社区氛围方面,区别于竞品的独特卖点。

DeepSeek 回复中的主要内容如下:在竞争激烈的市场中,"卡路里"小程序从功能创新、用户体验优化和社区氛围营造三个方面构建差异化卖点。

- 在功能方面，以技术为核心，打造具有壁垒的功能，如突破现有竞品对混合餐识别的局限，实现精准的中餐复杂场景识别；通过与智能硬件的深度联动，实时同步数据，为用户提供动态营养干预方案；引入 AR 技术，让用户以全新的交互方式获取食物营养信息。
- 在用户体验方面，充分考虑不同用户群体的需求，设计极简的交互界面，减少操作步骤，提高使用效率；融入情感化设计元素，给予用户正向的心理反馈，缓解热量管理带来的焦虑情绪；构建游戏化激励体系，增加用户的参与感和黏性。
- 在社区建设方面，打造垂直化社交平台，针对具有不同兴趣和需求的用户群体，建立专属社群，促进用户之间的深度交流和经验分享；开展与公益项目的合作，让用户在管理自身健康的同时，实现社会价值，增强用户对平台的认同感；邀请专家入驻，形成共创生态，为用户提供专业的饮食建议和指导。

2. 功能规划

（1）功能分解。

> **? 向 DeepSeek 提问**
>
> 为智能识别食物热量小程序规划功能模块。

DeepSeek 回复中的主要内容如下。

为满足用户多样化需求，DeepSeek 建议将"卡路里"小程序的功能划分为以下六个模块。

- 核心功能模块。
- 健康管理模块。
- 社区与互动模块。
- 工具与扩展模块。
- 用户体验优化模块。
- 商业化模块。

本章将聚焦核心功能模块的设计与开发。

（2）优先级排序。

> **? 向 DeepSeek 提问**
>
> 根据用户需求和开发成本，对智能识别食物热量小程序的功能进行优先级排序。

根据用户需求的迫切性、开发成本、技术难度，以及市场竞争差异化价值，DeepSeek
对功能进行优先级排序。

- 第一优先级：MVP（最小可行产品）的必备功能，包括拍照识别基础版、手动记录与编辑、每日热量统计和隐私与数据安全，开发周期短，成本较低，能够快速上线产品以验证市场需求。
- 第二优先级：包括扫码录入、手动修正识别结果、正向反馈设计。

6.2.3　设计高保真原型方案

在完成产品规划后，需要将抽象的产品概念转化为可交互的高保真原型，以便更直观地展示产品的功能和流程，提前发现问题并进行优化。在生成之前，需要用 DeepSeek 先设计高保真原型方案。

由于本书篇幅有限，下面只以小程序的核心功能（拍照识别食物热量功能）进行讲解。其他功能可以按此方法探索开发。

> **向 DeepSeek 提问**
>
> 设计智能识别食物热量小程序核心功能（拍照识别食物热量功能）的高保真原型方案。

DeepSeek 为这个功能设计了三个页面。

1. 主界面

【界面元素】

（1）核心按钮：居中的【拍照识别】按钮（高对比度配色，如橙色+白底）。

（2）辅助功能入口：顶部导航栏中的【历史记录】【个人中心】等图标。

【用户动作】

点击【拍照识别】按钮进入拍摄界面。

2. 拍摄界面

【界面元素】

（1）底部左侧的【相册导入】按钮。

（2）底部中间的【拍摄】按钮。

【用户动作】

对准食物→点击【拍摄】按钮（或从相册选择照片）。

3. 识别结果界面

【界面元素】

（1）热量总览：显示总热量。

（2）食物详情：显示食物名称、三大营养含量。

（3）底部的【记录到今日饮食】按钮。

【用户动作】

点击【记录到今日饮食】按钮，将数据保存到小程序中。

6.2.4 生成高保真原型

下面借助 Readdy AI 将设计方案转化为可交互的高保真原型。

（1）访问 Readdy AI，单击右上角的【Log in】登录或注册。

（2）在"Project Name"输入框中输入项目名称，然后单击【Create】按钮创建项目，如图 6-4 所示。

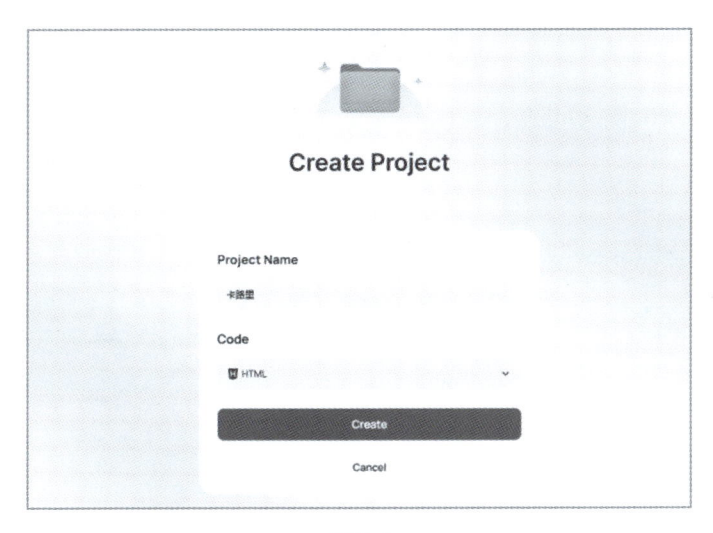

图 6-4

（3）选择 Mobile 版，并复制前面利用 DeepSeek 生成的高保真原型方案，然后单击【发送】按钮，如图 6-5 所示。

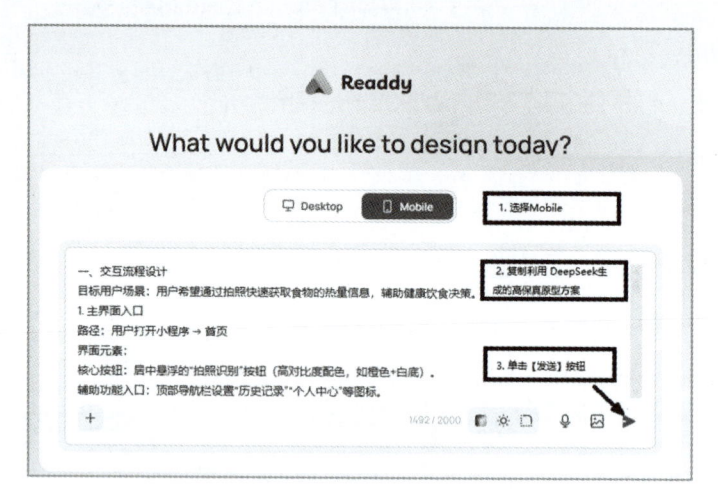

图 6-5

> **提示** 虽然这是一个英文网站，但对话框中可以使用中文。使用中文输入，生成的页面将会是中文界面。

（4）Readdy AI 重新整理原型方案的描述文字，之后我们单击【Generate】按钮（生成按钮），如图 6-6 所示。

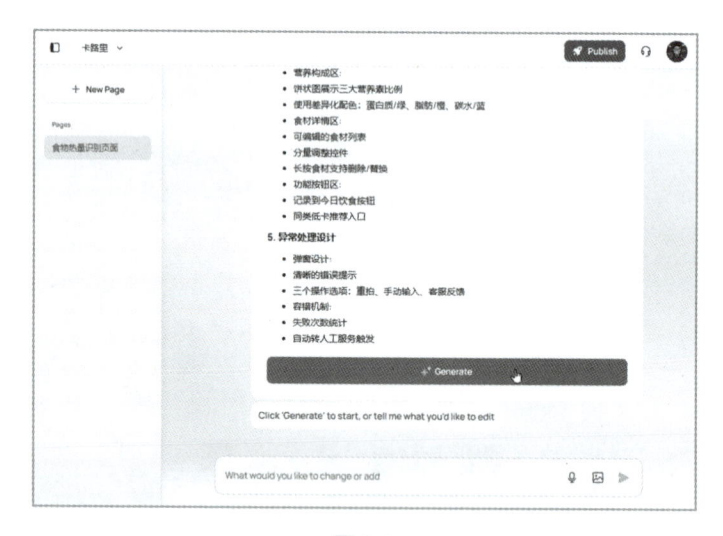

图 6-6

（5）生成了两个版本，选择自己喜欢的一个版本，还可以在右下角的对话框中输入修改意见，如图 6-7 所示。

第 6 章 【项目实战】智能识别食物热量的小程序"卡路里" | 87

图 6-7

6.3 开发小程序前的准备

在开发小程序前需要完成一些准备工作。

6.3.1 注册小程序

（1）访问微信公众平台，如图 6-8 所示，单击右上角【立即注册】，账号类型选择"小程序"，如图 6-9 所示。

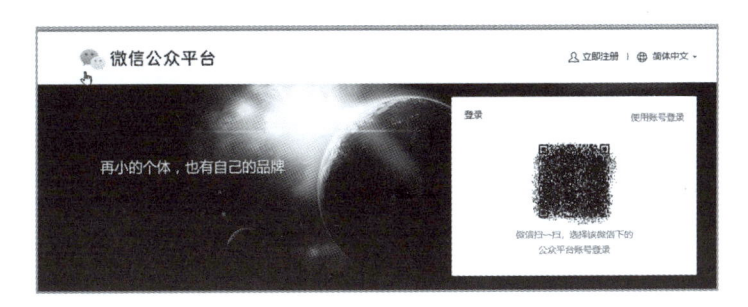

图 6-8

（2）在注册页面中填写邮箱和密码，并根据提示完成邮箱激活和信息登记。

（3）注册完成之后，进入小程序账号主页，如图 6-10 所示，填写小程序信息（如图 6-11 所示）和小程序类目设置（如图 6-12 所示）。

图 6-9

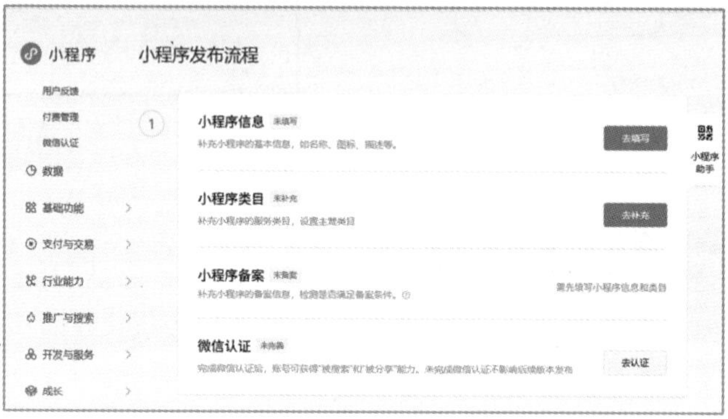

图 6-10

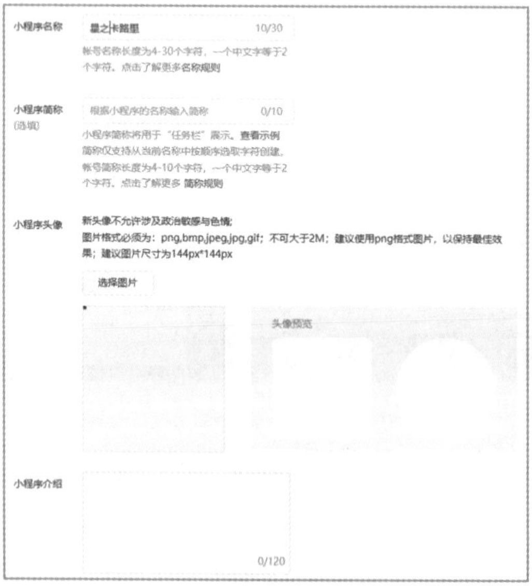

图 6-11

> **提示**　小程序头像可以用即梦 AI 生成。

图 6-12

> **提示**　类目建议选择"工具 > 健康管理"。

6.3.2　备案与认证

注册完小程序，并填写完小程序信息与小程序类目之后，在"小程序备案"和"微信认证"右侧就出现了可操作的按钮，如图 6-13 所示。

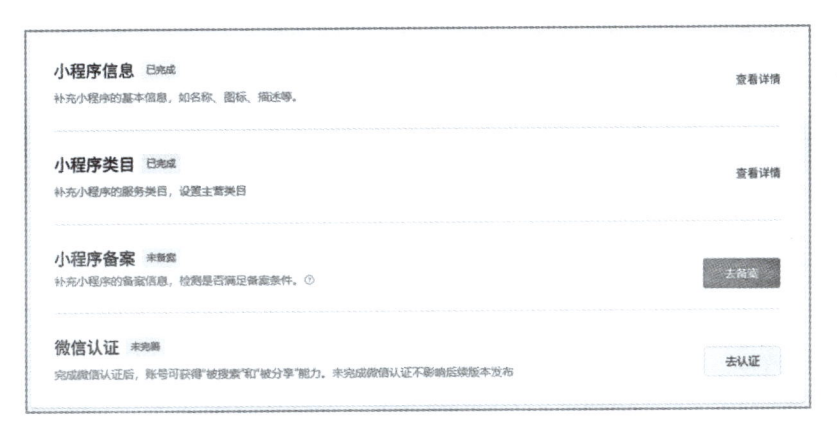

图 6-13

单击"小程序备案"右边的【去备案】按钮，进入备案流程，填写个人身份信息和小程序信息（如图 6-14 所示）。

> **提示**　备注是让审核人员了解小程序实际经营内容的，必须认真填写。

微信认证则只需单击图 6-13 中的【去认证】按钮，按照指引填写信息即可。

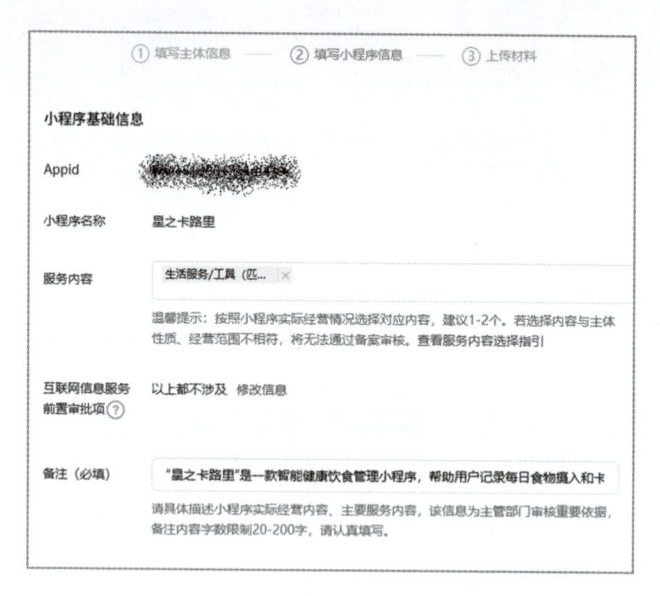

图 6-14

6.3.3　下载和安装小程序开发工具

（1）打开小程序开发文档，单击【工具】→【下载】→【稳定版更新日志】，然后在右侧根据电脑的操作系统选择下载适合的版本，如图 6-15 所示。

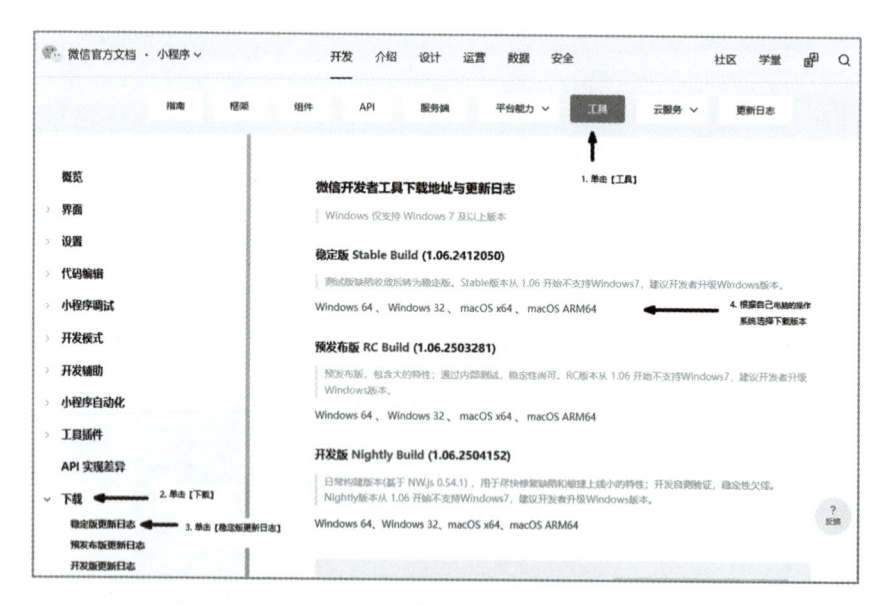

图 6-15

（2）双击下载的文件，开始安装微信开发者工具，安装完成后如图 6-16 所示。

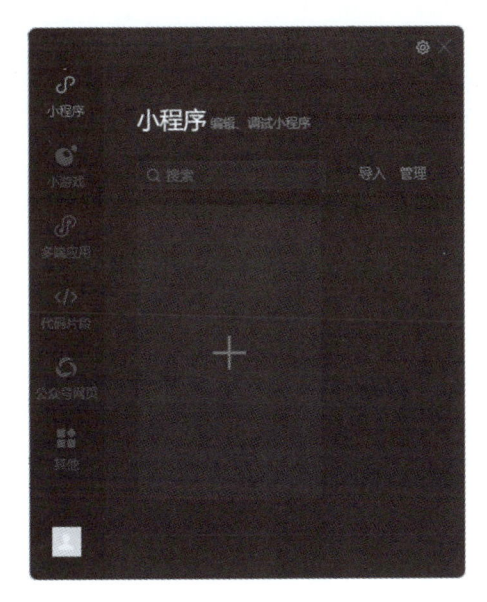

第 6 章　【项目实战】智能识别食物热量的小程序"卡路里"　｜91

图 6-16

6.3.4　准备大模型接口

要识别照片中的食物，以及进一步识别食物的热量，需要 AI 视觉大模型的支持。现在市面上有很多 AI 视觉大模型提供了接口供调用。因为豆包视觉大模型的识别准确率较高，且火山引擎上的豆包大模型每天都有免费额度供开发者调用，所以本例调用火山引擎的豆包大模型接口。

（1）搜索"火山引擎"，进入火山引擎官网（如图 6-17 所示），单击右上角的【立即注册】按钮，填写用户名和密码完成注册。

图 6-17

（2）按照系统指引填写身份信息，完成实名认证。

（3）搜索"火山方舟"，登录后进入控制台，在搜索框中输入"火山方舟"，在下方单击【火山方舟】，如图 6-18 所示。

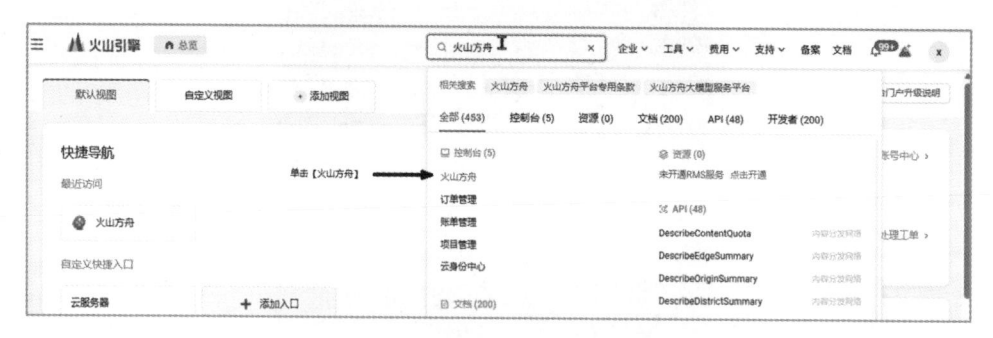

图 6-18

（4）开通豆包视觉大模型：在火山方舟中单击【开通管理】功能进入，在"大语言模型"标签中查找"Doubao-1.5-vision-pro"大模型，单击右侧的【开通服务】，如图 6-19 所示。然后按照指引操作。

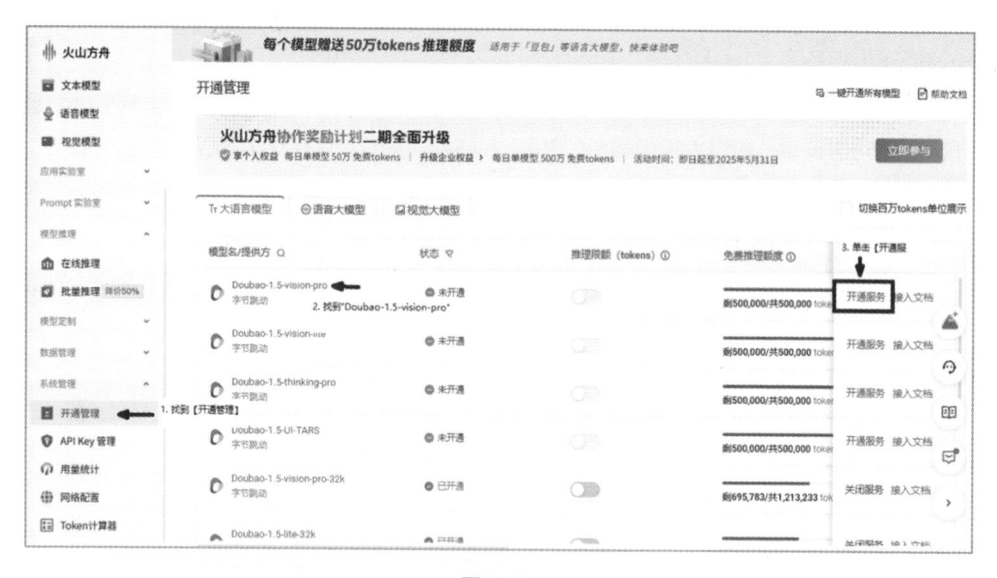

图 6-19

（5）创建 API key：在火山方舟左侧功能菜单中单击【API Key 管理】，如图 6-20 所示，再单击【创建 API Key】，然后按照指引填写表单，就可以得到一个 API Key。这个 API Key 在后面会用到。

第 6 章 【项目实战】智能识别食物热量的小程序"卡路里" | 93

图 6-20

（6）准备创建接入点：在火山方舟左侧功能菜单中单击【在线推理】，在右侧单击【自定义推理接入点】，然后单击【创建推理接入点】，如图 6-21 所示。

图 6-21

（7）创建接入点：填写接入点名称、接入点描述，如图 6-22 所示。

（8）添加模型：单击【添加模型】按钮，选择"Doubao-1.5-vision-pro"和"250328"，如图 6-23 所示，再单击【确定】按钮。

（9）保存接入点 ID：在接入点详情页面中，复制并保存接入点 ID，如图 6-24 所示。

图 6-22

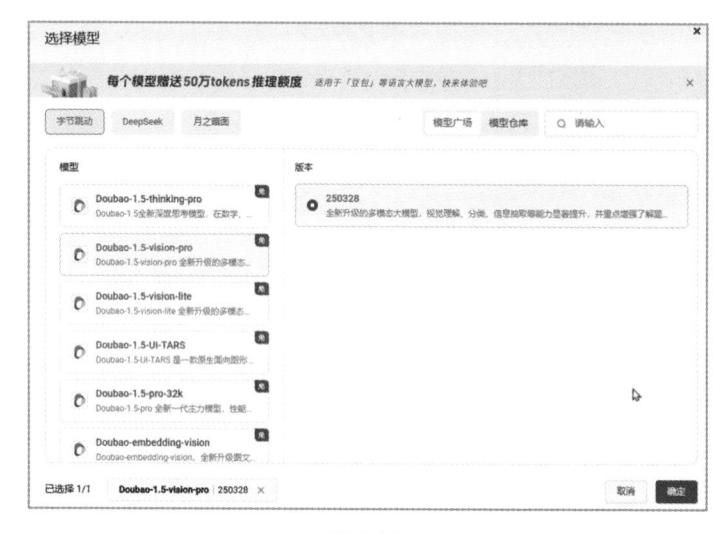

图 6-23

图 6-24

参考以上步骤，在火山引擎中开通 DeepSeek R1 大模型并创建接入点。

6.4 借助 Cursor 开发小程序

接下来将借助 Cursor，并结合微信开发者工具与火山引擎豆包视觉大模型，逐步构建"卡路里"小程序的核心功能——拍照识别。

6.4.1 创建小程序项目

（1）打开微信开发者工具→登录→单击【+】创建小程序。

（2）输入项目名称，创建并选择一个存放小程序代码的目录（如 D:\cursor\calorie），在 AppID 栏选择刚刚注册的小程序，其他字段如图 6-25 所示，然后单击【创建】按钮。

图 6-25

（3）开发者工具自动生成基础目录结构，包含 miniprogram 主文件夹（用于存放页面、组件、配置文件）和 utils 工具文件夹，为后续开发奠定基础，如图 6-26 所示。

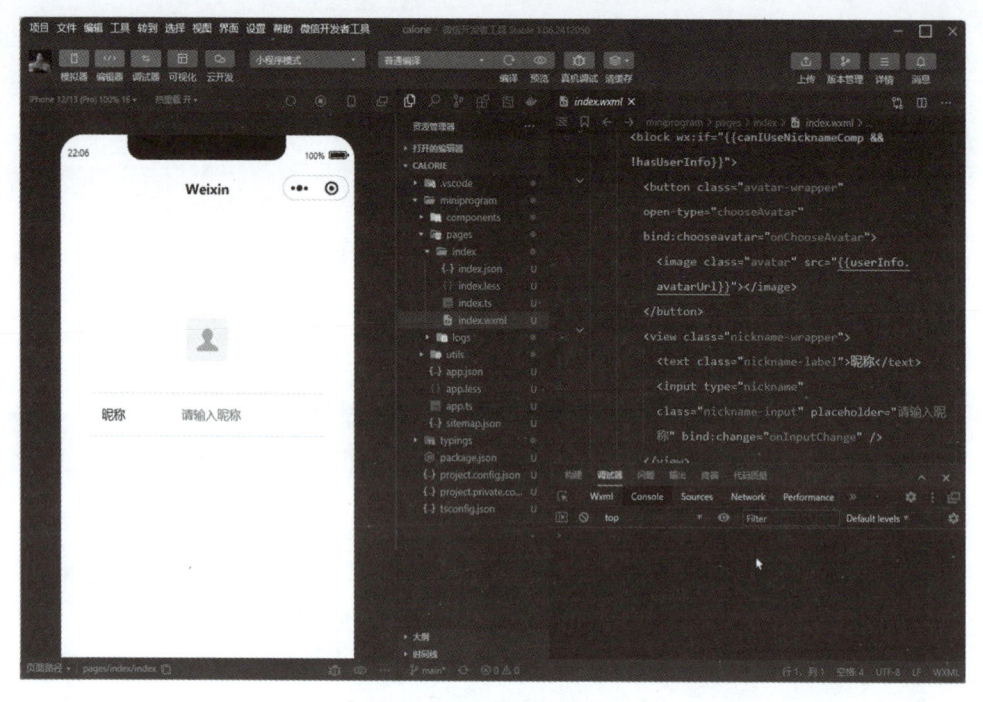

图 6-26

6.4.2 详解项目目录，以便更好地理解代码

理解项目目录，才能更好地理解代码，方便后续手动修改指定的代码或参数。打开项目目录，小程序开发工具已经生成了很多文件，初学者面对这么多层的目录和文件，无从下手。那么让 Cursor 来解释这些目录和文件的作用。

> ❓ 向 Cursor 提问
>
> 生成 README.md 项目说明文档，需要包含各目录和主要文件的作用说明。

Cursor 生成的 README.md 文件中详细解释了各目录和主要文件的作用：

```
├── miniprogram/           # 小程序主目录
│   ├── app.ts             # 小程序入口文件
│   ├── app.json           # 小程序全局配置
│   ├── assets/            # 静态资源（包括图片、图标等）
│   ├── components/        # 自定义组件
│   ├── pages/             # 各页面目录
│   │   ├── index/         # 首页
│   │   └── logs/          # 日志页
│   └── utils/             # 工具库
```

```
├── package.json              # 项目依赖配置
├── tsconfig.json             # TypeScript 配置
├── app.json                  # 小程序全局页面配置
├── project.config.json       # 项目配置
└── ......                    # 其他配置或文档
```

6.4.3 准备开发文档

为了让 Cursor 生成的页面和预期接近，可以把之前用 DeepSeek 生成的需求文档保存到开发目录下给 Cursor 阅读；也可以提前准备好 AI 大模型接口的文档，以提高 Cursor 的生成效率。

（1）创建 docs 文件夹：在根目录下创建 docs 文件夹。

（2）创建需求文档：在 docs 文件夹下创建"功能模块规划.md"文件。

（3）复制功能模块规划的内容：从 DeepSeek 中找到功能模块规划的内容，将其复制到"功能模块规划.md"文件中，如图 6-27 所示。

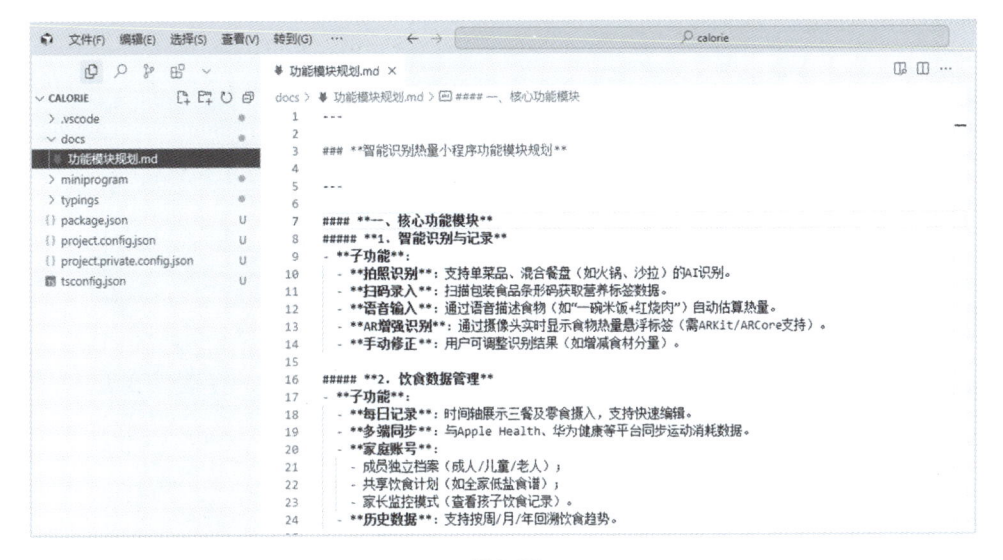

图 6-27

（4）复制交互流程和原型说明：创建"交互流程和原型说明.md"，从 DeepSeek 中找到交互流程和原型说明复制到该文件中，如图 6-28 所示。

图 6-28

（5）创建高保真原型文件：创建"高保真原型.html"，从 Readdy AI 中复制代码到该文件中，如图 6-29 所示。

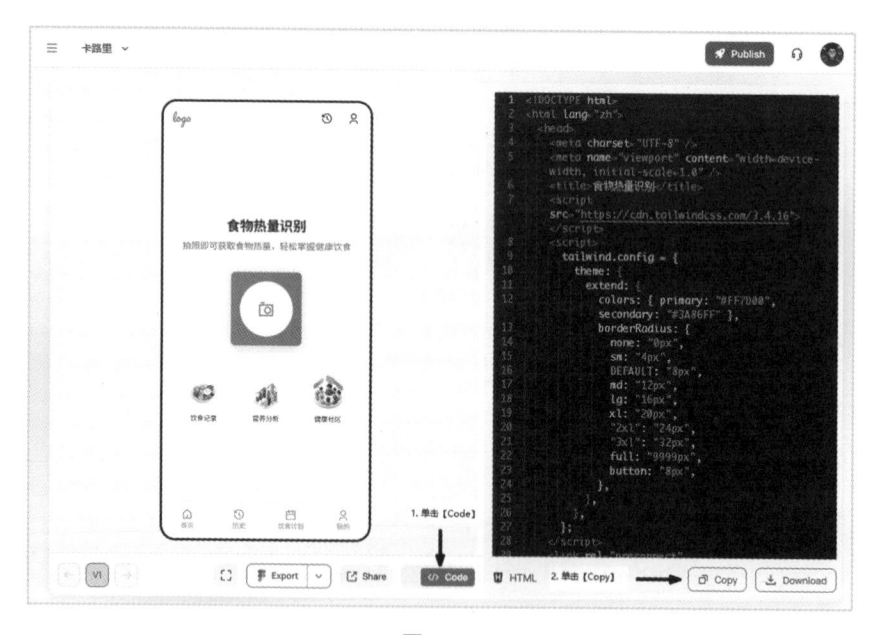

图 6-29

（6）复制 AI 大模型接口文档的 URL：进入火山引擎控制台→选择"开通管理"→"Doubao-1.5-vision-pro"→单击【接入文档】按钮（如图 6-30 所示）→复制文档的 URL。

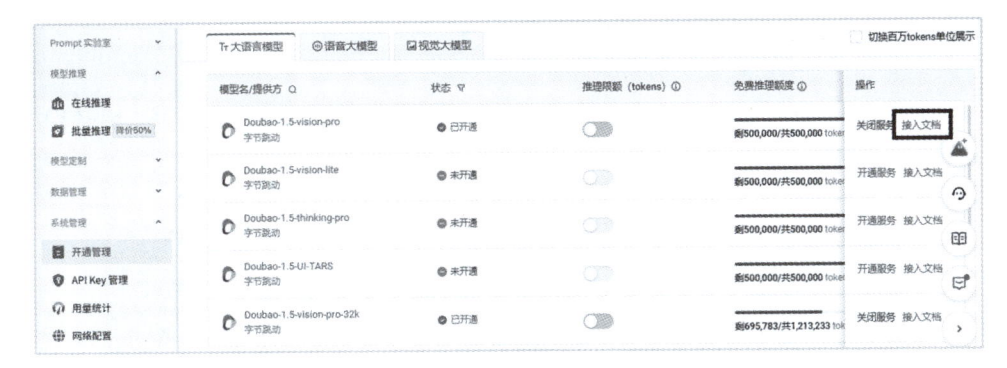

第 6 章 【项目实战】智能识别食物热量的小程序"卡路里" | 99

图 6-30

（7）在 Cursor 中新建 Docs：Cursor 设置→Feature→Docs→单击【Add new doc】；粘贴上一步复制的 URL，添加完成后如图 6-31 所示。

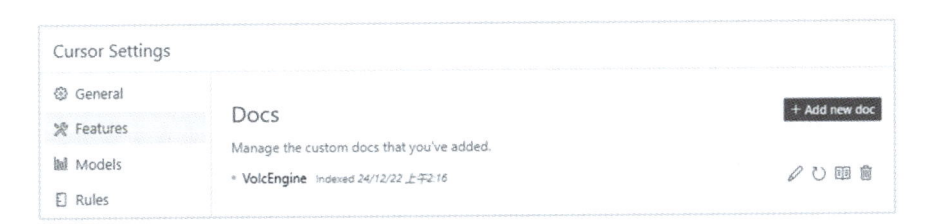

图 6-31

6.4.4 生成拍照识别页面

（1）生成页面：为了不让 Cursor 生成不符合预期的页面，关联 6.4.3 节准备的高保真原型文件和需求文档。

> **向 Cursor 提问**
>
> 根据高保真原型文件@高保真原型.html，以及需求文档@功能模块规划.md @交互流程和原型说明.md 生成小程序的拍照识别功能。
>
> 现有的小程序页面文件是模板生成的，都可以修改。

Cursor 根据高保真原型和需求文档，生成了拍照识别功能的 3 个页面。生成之后的项目目录如下：

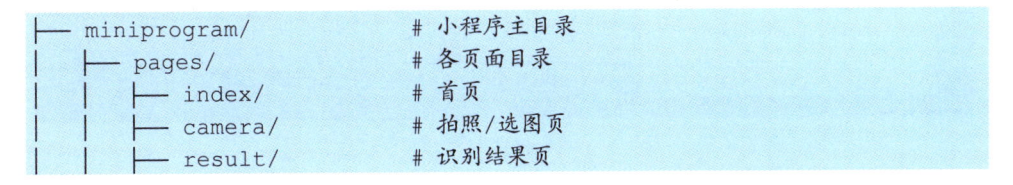

```
├── miniprogram/              # 小程序主目录
│   ├── pages/                # 各页面目录
│   │   ├── index/            # 首页
│   │   ├── camera/           # 拍照/选图页
│   │   ├── result/           # 识别结果页
```

（2）编译：在生成代码完成后，需要到微信开发者工具中进行编译，单击【编译】按钮即可，如图 6-32 所示。

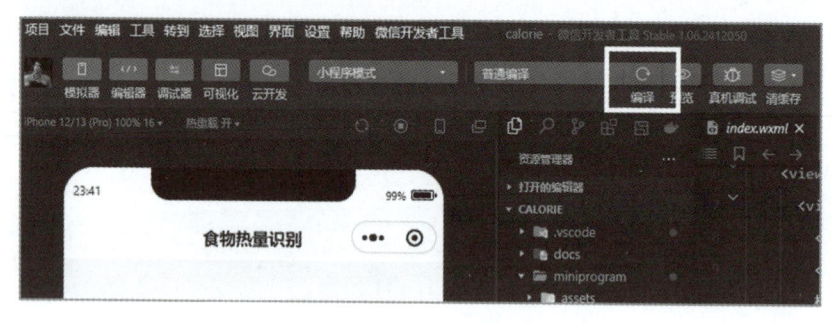

图 6-32

6.4.5 处理异常

如果生成的代码不能正常运行，如图 6-33 所示，则可以将错误信息复制到 Cursor 中，让 Cursor 解释或处理。

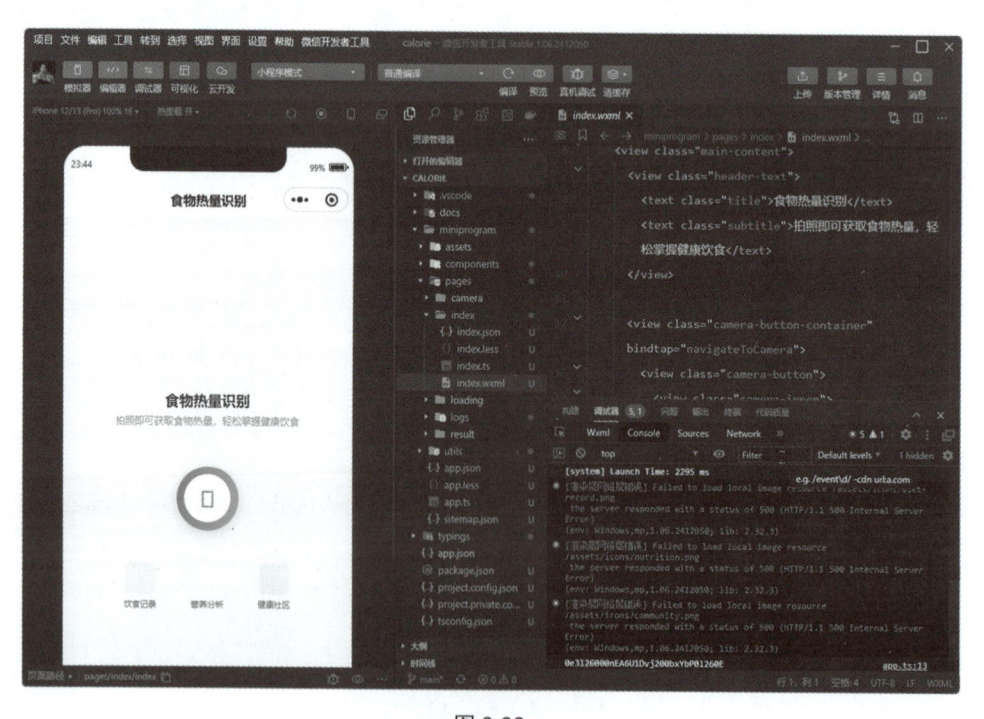

图 6-33

> **向 Cursor 提问**
>
> 运行时报以下错误：
>
> [渲染层网络层错误] Failed to load local image resource /assets/icons/diet-record.png the server responded with a status of 500 (HTTP/1.1 500 Internal Server Error)
>
> (env: Windows,mp,1.06.2412050; lib: 2.32.3)
>
> [渲染层网络层错误] Failed to load local image resource /assets/icons/nutrition.png the server responded with a status of 500 (HTTP/1.1 500 Internal Server Error)
>
> (env: Windows,mp,1.06.2412050; lib: 2.32.3)
>
> [渲染层网络层错误] Failed to load local image resource /assets/icons/community.png the server responded with a status of 500 (HTTP/1.1 500 Internal Server Error)
>
> (env: Windows,mp,1.06.2412050; lib: 2.32.3)。

Cursor 发现错误的原因是样式文件引用的图标不存在。可以通过生成图标和修改样式文件来修复此问题。修复完成之后，可以看到页面中图标正常显示，如图 6-34 所示。

图 6-34

> **提示** 上述错误只是作者在开发过程中遇到的错误，读者遇到的错误可能是不一样的。遇到任何错误，都可以参考以上方法来处理。

6.4.6 生成 AI 对接功能

接下来使用前面准备的火山引擎的接口文档、接入点 ID、API Key，完成通过照片识别食物热量的核心功能。

> **❓ 向 Cursor 提问**
>
> 上传照片之后，调用火山引擎接口。
> 接口文档：@VolcEngine 。
> 接入点 ID：ep-20250421153047-XXXX。
> API Key：52521880-27ba-XXXXXX。

Cursor 生成了与火山引擎对接代码，关键代码如下：

```
// 构建请求体
    const requestBody = {
      "model": MODEL_ID,
      "messages": [
        {
          "role": "system",
          "content": "你是一个专业的食物识别和营养分析助手。请为用户识别图片中的食物，并提供详细的营养信息，包括热量(kcal)、蛋白质(g)、脂肪(g)和碳水化合物(g)。只需返回JSON格式的数据，不要有其他解释性文字。"
        },
        {
          "role": "user",
          "content": [
            {
              "type": "image_url",
              "image_url": {
                "url": `data:image/jpeg;base64,${base64Image}`
              }
            }
          ]
        }
      ],
      "max_tokens": 5000,
      "temperature": 0.1
    };
```

其中最核心的内容就是发送给大模型的提示词：

> 你是一个专业的食物识别和营养分析助手。请为用户识别图片中的食物，并提供详细的营养信息，包括热量(kcal)、蛋白质(g)、脂肪(g)和碳水化合物(g)。只需返回 JSON 格式的数据，不要有其他解释性文字。

对接完 AI 大模型接口之后，上传一张美食照片，就可以看到识别的结果，如图 6-35 所示。

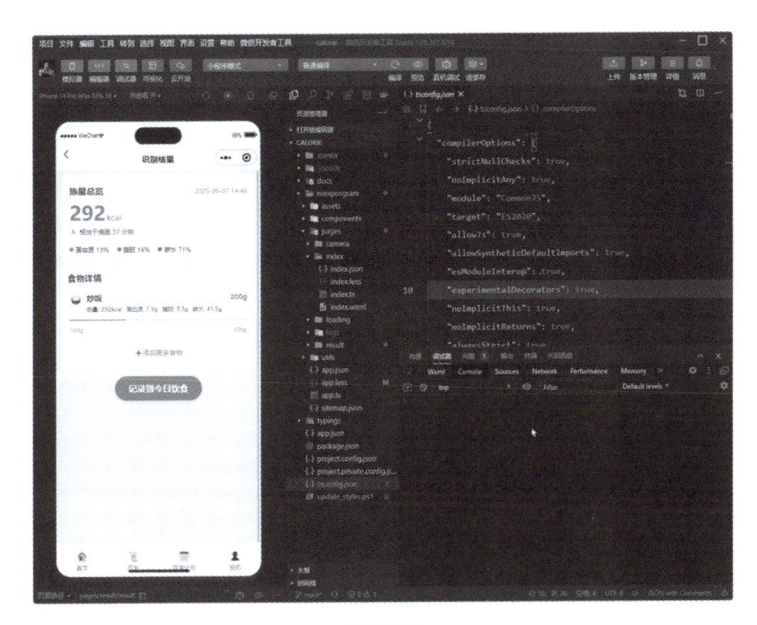

图 6-35

6.4.7 发布小程序

（1）上传代码：在微信开发者工具右上角单击【上传】按钮，填写版本号和备注信息，如图 6-36 所示。

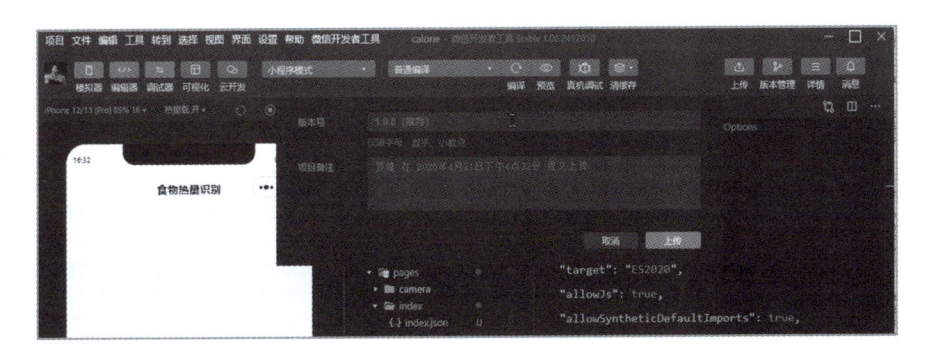

图 6-36

（2）提交审核：登录微信公众平台，单击左侧菜单中的【版本管理】，进入版本管理功能，可以看到刚刚上传的版本，如图 6-37 所示，单击【提交审核】按钮，等待平台审核。

图 6-37

（3）发布上线：审核通过之后，在微信公众平台的版本管理功能中，审核版本会显示已通过的状态，此时可以单击右侧的【发布】按钮进行发布。

第 7 章

【项目实战】本地网页小游戏"坦克大战"

借助 AI 技术开发"坦克大战"小游戏,不仅是对经典的传承,更是一次极具价值的学习之旅。它能让开发者深入了解游戏从无到有的全流程,涵盖从创意构思到具体功能实现的各个环节。

7.1 预览小游戏

7.1.1 图解核心玩法

网页版"坦克大战"游戏如图 7-1 所示,核心页面是游戏首页和游戏页。

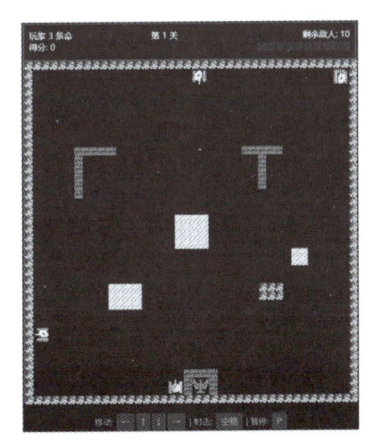

图 7-1

为了更方便开发者学习，此版借鉴了经典版"坦克大战"游戏的像素风格和基础玩法。

- **坐标系**：游戏使用一个 20×20 的网格来组织场景，每个网格的大小是 26 px×26 px。所有游戏元素（坦克、墙壁、炮弹等），都被放置在这些网格的中心点上。
- **移动控制系统**：方向键控制坦克的移动与转向，遇到障碍物或边界会有相应反馈。
- **战斗机制设计**：玩家坦克与敌方坦克炮弹在速度、穿透力、冷却时间和最大存在时间这几个方面都有区别，炮弹碰撞砖墙和钢墙的效果也有区别。

7.1.2 预览关卡

为了简化游戏，只设计和开发了 3 个关卡，如图 7-2 所示。

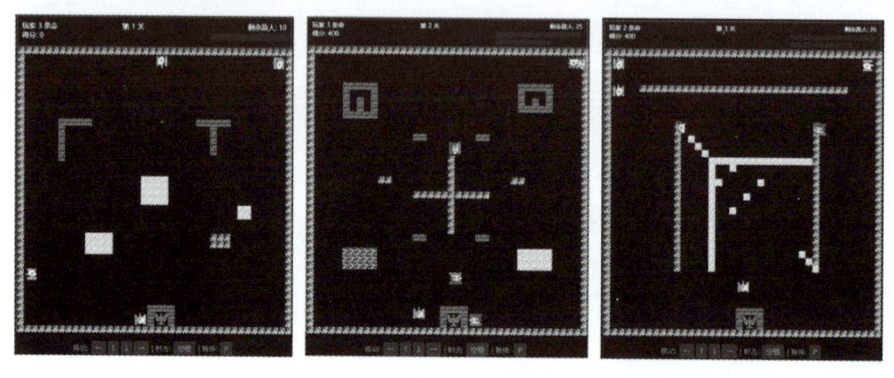

图 7-2

从左到右三个关卡分别是：新兵训练营、闪电攻防战、钢铁迷宫。

7.2 开发准备

开发准备是将前期的设计转化为可运行的游戏的基石。在这个环节，获取合适的素材是不可或缺的一步。丰富且优质的素材能够赋予游戏鲜活的生命力，从精美的游戏画面到逼真的音效，每一个元素都影响着玩家的游戏体验。

7.2.1 创建资源目录以存放素材

下载的素材需要存放到开发目录下的不同子目录中，如音频文件存放在"audio"目录下，图片文件存放在"images"目录下，方便后续使用。参考的目录结构如下：

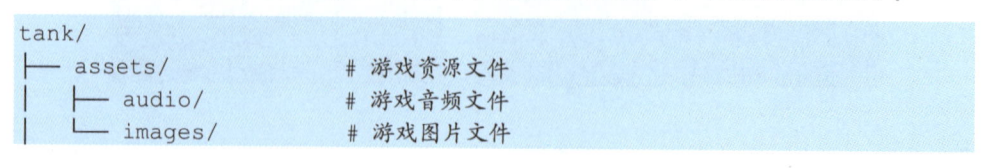

```
tank/
├── assets/                    # 游戏资源文件
│   ├── audio/                 # 游戏音频文件
│   │   └── images/            # 游戏图片文件
```

7.2.2 利用 3 个网站下载素材

开发"坦克大战"游戏前,需要准备图片、音频等资源。以下介绍三个适合新手的免费素材平台。

1. Pixabay

- 平台概况:Pixabay 是一个广受欢迎的综合性素材库,它涵盖了海量的图片、视频、音频等素材,并且所有素材都遵循宽松的许可协议,可免费用于个人和商业项目。
- "坦克大战"游戏的相关图片素材:通过 Pixabay 能找到丰富多样的坦克、战场、障碍物等相关图片。这些图片质量高,风格多样,包括写实风格、卡通风格、复古像素风格,能满足不同"坦克大战"游戏的风格需求。
- 使用便捷性:该平台的搜索功能强大,界面简洁直观,可以通过关键词快速定位到所需的素材。同时,素材的下载也非常方便,不需要复杂的注册或付费操作。

2. 爱给网

- 平台概况:爱给网专注于提供各种游戏开发所需的素材,是国内开发者常用的素材平台之一。它拥有丰富的游戏音频、配乐、模型、图片等素材,并且对素材进行了细致的分类,方便用户查找。
- "坦克大战"游戏的相关音频素材:对于"坦克大战"游戏,爱给网有大量贴合主题的音频素材。例如,不同类型的坦克射击音效、炮弹飞行音效,以及爆炸音效等,这些音效生动逼真,能够为游戏增添紧张刺激的氛围。此外,网站上也有一些游戏场景的图片和简单的模型素材,可用于构建游戏的基本元素。
- 使用便捷性:爱给网的界面设计符合国内用户的使用习惯,素材分类清晰。虽然部分高级素材可能需要积分或付费,但也有相当数量的免费素材可供新手使用。同时,网站还提供了素材的使用说明和相关教程,帮助新手更好地利用这些素材。

3. Kenney Assets

- 平台概况:Kenney Assets 是一个专门为游戏开发者打造的免费素材网站,以提供高质量、风格统一的游戏素材而闻名。其素材包括 2D 和 3D 的素材,允许用户自由使用和修改这些素材。
- "坦克大战"的相关素材:Kenney Assets 提供了一套 2D 像素风格的坦克、障碍物、道具等素材,这些素材在尺寸和风格上保持一致,能够快速集成到游戏中。
- 使用便捷性:该平台的素材以打包的形式提供下载,用户可以根据自己的需求选择合适的素材包。下载后的素材可以直接使用,不需要进行复杂的处理,大大提高了开发效率。同时,网站还提供了详细的文档说明,方便新手了解素材的使用方法。

7.2.3 利用即梦 AI 生成图片

若对下载的素材不满意,还可以使用即梦 AI 来生成图片。例如,生成游戏首页图片,输入以下提示词。

> **? 向即梦 AI 提问**
>
> 生成"坦克大战"游戏的首页,2D 平面,像素艺术风格,8bit 色彩。

即梦 AI 会生成相应图片,如图 7-3 所示。从生成图片中挑选满意的下载,放到图片目录下。

图 7-3

> **提示** 在即梦 AI 的绘图提示词中,如果需要在生成的图像中嵌入特定文字,则建议将这些文字置于英文双引号("")内作为标记,例如"坦克大战"这几个字。

7.3 利用 Cursor 开发小游戏

下面进入开发阶段。借助 Cursor,我们能够高效地将前期的设计转化为可实际运行的游戏页面。

7.3.1 生成游戏首页

在利用 Cursor 开发游戏首页时,需要整合之前规划的设计理念和素材。

(1)生成首页:指定准备的资源文件,让 Cursor 生成首页。

> **? 向 Cursor 提问**
>
> 参考经典版"坦克大战"游戏的玩法来生成 HTML5 小游戏首页，首页背景图是 @images 下的 index.jpg。

生成之后，用浏览器打开 index.html 页面，发现图标没有完全显示，如图 7-4 所示。

（2）处理问题：因为设计文档中坦克的尺寸是 26px×26px，但下载素材中的坦克尺寸是 32px×32px，导致生成的页面图标没有完全显示。让 Cursor 帮我们修改这个问题。

> **? 向 Cursor 提问**
>
> 将坦克的尺寸 26px×26px 改为 32 px×32px。

Cursor 按要求把游戏菜单中坦克图标从 26px×26px 改为 32px×32px，修改之后，重新打开 index.html 页面，首页的各个元素均显示正常，如图 7-5 所示。

图 7-4　　　　　　　图 7-5

7.3.2　生成游戏页

游戏页是"坦克大战"的核心部分。在使用 Cursor 进行开发时，要围绕之前设计的玩法机制和关卡规划来构建页面功能。

（1）生成游戏代码：基于 7.3.1 节内容，让 Cursor 参考经典版"坦克大战"游戏生成游戏页面。

> **? 向 Cursor 提问**
>
> 参考经典版"坦克大战"游戏的机制，生成游戏页面。

Cursor 首先确保"js"文件夹存在，并创建了游戏的核心 JavaScript 文件，搭建起游戏的基本框架和关键机制，包括：

- 创建游戏主容器，用于容纳 Canvas 画布和各种游戏状态页。
- 设计信息面板，用于实时显示玩家生命数、得分、当前关卡、剩余敌人数量等重要信息。
- 构建关卡加载页，在切换关卡时展示当前关卡信息。
- 设置游戏结束与胜利页，为玩家提供"重新开始"和"下一关"选项。
- 添加控制提示，向玩家展示游戏的控制方式，如按方向键坦克移动、按空格键坦克射击等。

生成的游戏效果如图 7-6 所示。

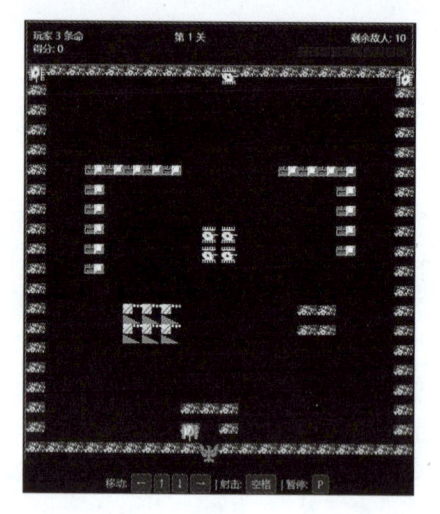

图 7-6

可以看到，墙壁和障碍物的显示不太正常，很多地方有空行。

（2）处理问题：查看素材图片（如图 7-7 所示）发现，因为坦克的尺寸是 32px×32px，障碍物的尺寸是 16px×16px，而 Cursor 并没注意到这两个元素的尺寸差异。

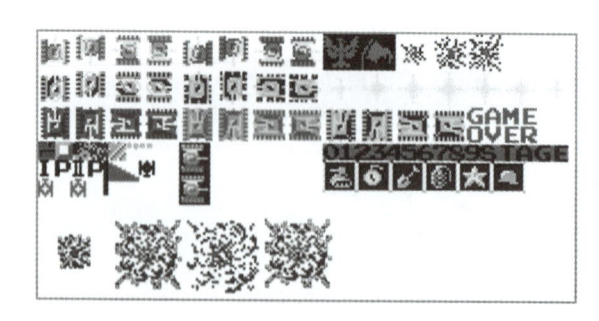

图 7-7

要修改此问题也很简单——告诉 Cursor 这两者之间的差异,并根据差异重新修改。

> **? 向 Cursor 提问**
>
> 游戏素材中,砖块等障碍物的尺寸是 16px×16px,坦克的尺寸是 32px×32px,将地图的网格尺寸改为 16 px×16 px,一个坦克占 4 个网格。

Cursor 将游戏页中,单元格的尺寸改为 16 px×16 px,一个障碍物占 1 个单元格,一辆坦克占 4 个单元格。修复后的游戏页面如图 7-8 所示。

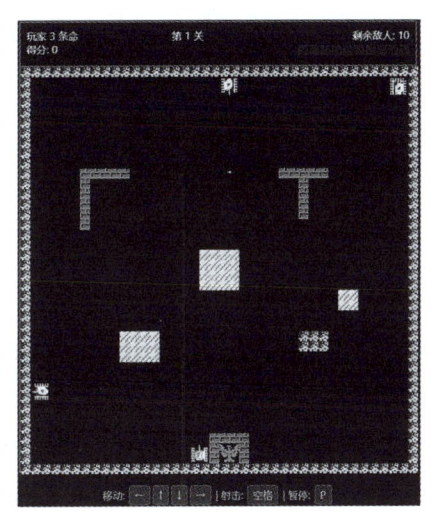

图 7-8

过程中可能还会有其他问题,例如,消灭一个敌人之后没有生成新的敌人、玩家中弹之后没有结束游戏……只要能在 Cursor 中描述清楚问题,它就能帮助修复问题,确保游戏逻辑的正确性。

7.3.3 详解项目目录,以便更好地理解代码

除前面手动创建的资源目录外,Cursor 又生成了一些文件。还是让 Cursor 来介绍一下各目录和主要文件的作用。

> **? 向 Cursor 提问**
>
> 生成 README.md 项目说明文档,需要包含各目录作用和主要文件作用的说明。

Cursor 生成的 README.md 文件中详细介绍了各目录作用及主要文件作用的说明:

```
tank/
│
├── assets/                    # 游戏资源文件
│   ├── audio/                 # 游戏音频文件
│   └── images/                # 游戏图片文件
├── docs/                      # 文档
│   └── 关卡设计.md            # 关卡设计文档
├── js/                        # JavaScript 代码
│   ├── const.js               # 游戏常量定义
│   └── game.js                # 游戏核心逻辑
├── game.html                  # 游戏页
├── index.html                 # 游戏首页
└── README.md                  # 项目说明（本文件）
```

7.3.4 生成其他页

除游戏首页和游戏页外，"坦克大战"游戏还需要一些其他页来完善游戏功能和提升玩家体验，如游戏暂停页、关卡选择页、游戏设置页等。

（1）生成游戏暂停页。

> **❓ 向 Cursor 提问**
>
> 生成游戏暂停页，提示游戏处于暂停状态，按 P 键则恢复游戏运行。

Cursor 生成了游戏暂停页面，游戏暂停时会有一个半透明遮罩，并显示游戏处于暂停状态，如图 7-9 所示。

图 7-9

（2）生成关卡选择页。

> **向 Cursor 提问**
>
> 生成关卡选择页，只需要 3 个关卡。

生成的关卡选择页如图 7-10 所示。

图 7-10

（3）生成游戏设置页。

> **向 Cursor 提问**
>
> 继续生成游戏设置页。

Cursor 生成的游戏设置页如图 7-11 所示，包含游戏难度选择、游戏音效开关、背景音乐开关、音量调节等功能选项。玩家可以根据自己的喜好对游戏进行个性化设置。

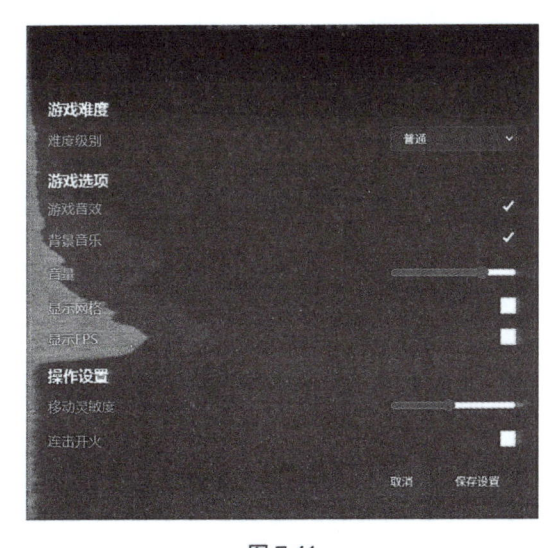

图 7-11

7.4 游戏开发的基础知识

在前面的开发过程中，我们已经初步实现了游戏的基本功能。接下来将借助 Cursor 的 Ask 模式，深入解析游戏主循环与状态管理、碰撞检测，以及得分系统。

7.4.1 解析游戏的主循环和状态管理

主循环与状态管理是"坦克大战"游戏运行的核心机制，它们协同工作，确保游戏世界的动态更新与稳定运行。

把 Cursor 对话框中的模式切换到 Ask，再直接向它提问。

> **? 向 Cursor 提问**
> 我是一个初学者，给我解释这个游戏的主循环和状态管理的相关代码。

1. 游戏的主循环

游戏的主循环代码如下：

```
// 游戏的主循环
gameLoop(timestamp) {
    if (this.paused) return;

    const deltaTime = timestamp - this.lastTimestamp;
    this.lastTimestamp = timestamp;

    this.update(deltaTime);
    this.render();

    if (!this.gameOver) {
        requestAnimationFrame(this.gameLoop.bind(this));
    }
}
```

主循环的工作原理如下：

（1）接收当前时间戳 timestamp。

（2）计算两帧之间的时间差 deltaTime。

（3）调用 update 更新所有游戏对象的状态。

（4）调用 render 重新绘制画面。

（5）如果游戏未结束，则使用 requestAnimationFrame 安排下一帧。

2．游戏的状态管理

游戏的核心状态变量在 Game 类的构造函数中初始化：

```
constructor(canvasId) {
    this.canvas = document.getElementById(canvasId);
    this.ctx = this.canvas.getContext('2d');
    this.gameOver = false;            // 游戏是否结束
    this.paused = false;              // 游戏是否暂停
    this.currentLevel = 1;            // 当前关卡
    this.score = 0;                   // 玩家得分
    this.playerLives = 3;             // 玩家生命数
    this.enemies = [];                // 敌人的坦克数组
    this.bullets = [];                // 子弹数组
    this.explosions = [];             // 爆炸效果数组
    this.map = [];                    // 地图对象数组
    this.keyState = [];               // 按键状态
    this.lastTimestamp = 0;           // 上一帧的时间戳
    this.player = null;               // 玩家坦克
    this.enemiesLeft = 0;             // 剩余敌人数量
    this.enemiesGenerated = 0;        // 已生成敌人数量
    this.animationCounter = 0;        // 动画计数器
    ......                            // 省略部分代码
}
```

"坦克大战"游戏的主循环和状态管理的关键点：

- 使用 requestAnimationFrame 创建平滑的游戏循环。
- 通过数组管理多个游戏对象（坦克、子弹、爆炸等）。
- 使用 deltaTime 确保游戏速度一致，不受帧率影响。
- 通过碰撞检测和事件处理改变游戏状态。
- 使用标志变量（gameOver 和 paused）控制游戏流程。

7.4.2 解析碰撞检测

碰撞检测是"坦克大战"游戏中确保游戏逻辑正确、增加游戏策略性的重要机制，它通过特定算法和流程来判断游戏对象之间是否发生接触，并做出相应处理。

> **❓ 向 Cursor 提问**
>
> 继续解释碰撞检测的相关代码，并解释实现原理。

检测碰撞的核心代码如下：

```
collidesWith(obj) {
   return (
      this.x < obj.x + obj.width &&
      this.x + this.width > obj.x &&
      this.y < obj.y + obj.height &&
      this.y + this.height > obj.y
   );
}
```

这个方法实现了 AABB（轴对齐边界框）碰撞检测，原理是：

（1）检查两个矩形在 x 轴和 y 轴上是否有重叠。

（2）只有当两个轴都重叠时，才判定发生碰撞。

这种方法计算简单高效，适合于方形物体的碰撞检测。

7.4.3 解析得分系统

得分系统是"坦克大战"游戏中衡量玩家游戏表现、增加游戏趣味性和挑战性的组成部分。

> **❓ 向 Cursor 提问**
>
> 继续解释得分系统的代码与原理。

"坦克大战"游戏的得分系统相对简单直接，主要基于以下原则：

- 玩家击毁敌方坦克获得分数。
- 不同敌人类型可能有不同分值。
- 分数在游戏页实时显示。
- 分数在关卡之间保持累积。

敌人被击中时，更新分数的代码：

```
enemyHit(enemy) {
   …… //省略部分代码
   let scoreValue = 100; // 基础分值

   // 根据敌人类型给予不同分值
   if (enemy.tankType === 'basic') {
      scoreValue = 100;
   } else if (enemy.tankType === 'fast') {
      scoreValue = 200;
   } else if (enemy.tankType === 'armor') {
      scoreValue = 300;
```

```
    }
    this.score += scoreValue;
    ...... //省略部分代码
}
```

7.5 拓展提高

7.5.1 让敌方坦克自动追踪玩家坦克

为了增加游戏的趣味性，可以让敌方坦克自动追踪玩家坦克。

> **向 Cursor 提问**
>
> 第 2 关，为敌方坦克增加自动追踪玩家坦克的能力。

Cursor 为第 2 关的敌方坦克增加了自动追踪玩家坦克的能力。虽然实现了自动追踪功能，但我们还不理解原理，可以使用 Ask 模式让 Cursor 来解释敌方坦克自动追踪功能的原理。

> **向 Cursor 提问**
>
> 解释一下自动追踪功能的代码和原理。

敌方坦克的自动追踪功能主要是通过函数 updateEnemyAI 实现的，代码如下：

```
updateArmorTankAI(enemy) {
    // 计算敌方坦克和玩家坦克之间的距离和方向
    const dx = this.player.x - enemy.x;
    const dy = this.player.y - enemy.y;

    // 每1.5秒更新一次追踪方向
    if (enemy.aiTimer >= 1500) {
        enemy.aiTimer = 0;

        // 决定是横向追踪还是纵向追踪
        const preferHorizontal = Math.abs(dx) > Math.abs(dy);

        if (preferHorizontal) {
            // 横向移动
            if (dx > 0) {
                enemy.move(RIGHT); // 玩家坦克在右边
```

```
            } else {
                enemy.move(LEFT);    // 玩家坦克在左边
            }
        } else {
            // 纵向移动
            if (dy > 0) {
                enemy.move(DOWN);    // 玩家坦克在下边
            } else {
                enemy.move(UP);      // 玩家坦克在上边
            }
        }

        // 10%的概率随机移动，避免卡住
        if (Math.random() < 0.1) {
            const directions = [UP, RIGHT, DOWN, LEFT];
            const randomDirection = directions[Math.floor(Math.random() * directions.length)];
            enemy.move(randomDirection);
        }
    }
}
```

这种自动追踪功能在游戏中表现为：

- 敌方坦克会明显地朝玩家坦克方向移动。
- 第 2 关的敌方坦克比第 1 关的敌方坦克更加"聪明"。
- 有时敌方坦克会绕一些弯路，不会找到绝对最短路径。
- 偶尔的随机移动使敌方坦克行为不完全可预测。

提示 虽然这不是最复杂的 AI，但对于这样的复古游戏来说，它提供了足够的挑战性。

7.5.2 增加坦克特殊技能

参考现代竞技类游戏，为"坦克大战"游戏中的玩家坦克添加特殊技能，以丰富游戏玩法和提高策略性。

向 Cursor 提问
给玩家坦克增加两项特殊技能，需要有冷却机制，不能无限制使用。

虽然没有指定添加什么技能，Cursor 还是很智能地生成了超级炮弹和闪现冲刺两项技能，游戏效果如图 7-12 所示。

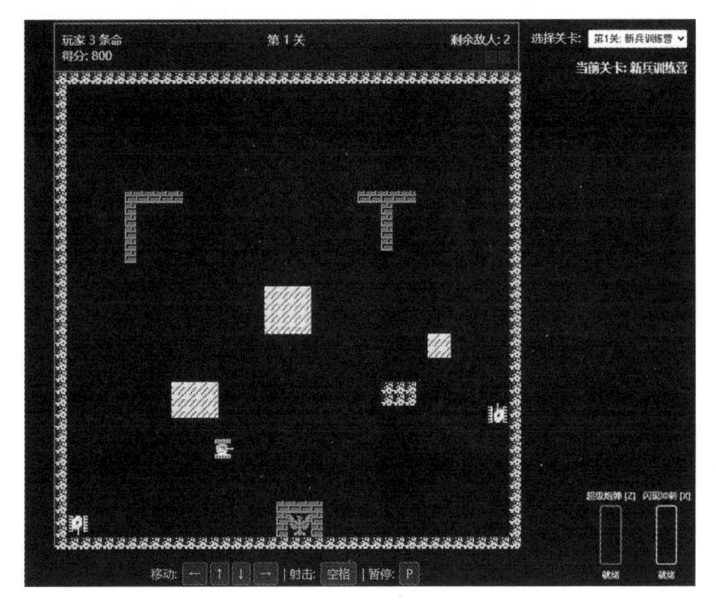

图 7-12

第 8 章

【项目实战】桌面应用"我爱背单词"

"我爱背单词"桌面应用是一款服务于个人学习的工具,它聚焦高效记忆与个性化学习,旨在通过 AI 技术提升单词背诵效率。

8.1 预览桌面应用

8.1.1 图解核心功能

1. 词库管理

"我爱背单词"应用的词库管理界面如图 8-1 所示。

图 8-1

2. 学习

选择某个词库后，可以看到该词库中各个单词的释义、例句，如图 8-2 所示。

图 8-2

3. 听写

播放单词音频，写出单词，如图 8-3 所示。

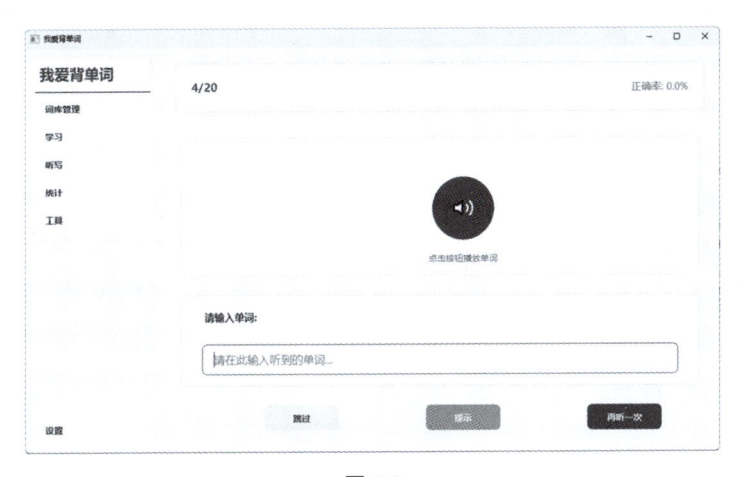

图 8-3

8.1.2 技术亮点：AI 语音互动和个性化学习

1. AI 语音互动

AI 语音朗读可以帮助用户学习单词和听写单词。在学习页面中可单击【朗读】按钮听发音，结合释义、例句加深理解和记忆。

2. 个性化学习

用户可以根据自己需要，导入不同的词库，不管中学生、大学生，还是职场人士都可以用来学习。

8.2 开发桌面应用前的准备

在进入实际开发阶段之前，需要进行一系列准备工作，下面分别介绍。

8.2.1 安装 Python

Python 是一种功能强大且应用广泛的编程语言。我们选择 Python 作为开发语言，主要是因为其丰富的第三方库资源能够大大提高开发效率。例如，在数据处理、图形界面开发、与各类接口交互等方面，Python 都有成熟的库可供使用。安装步骤如下。

（1）访问 Python 官网。

（2）下载：光标移到【Downloads】处，然后单击下方的按钮下载，如图 8-4 所示。

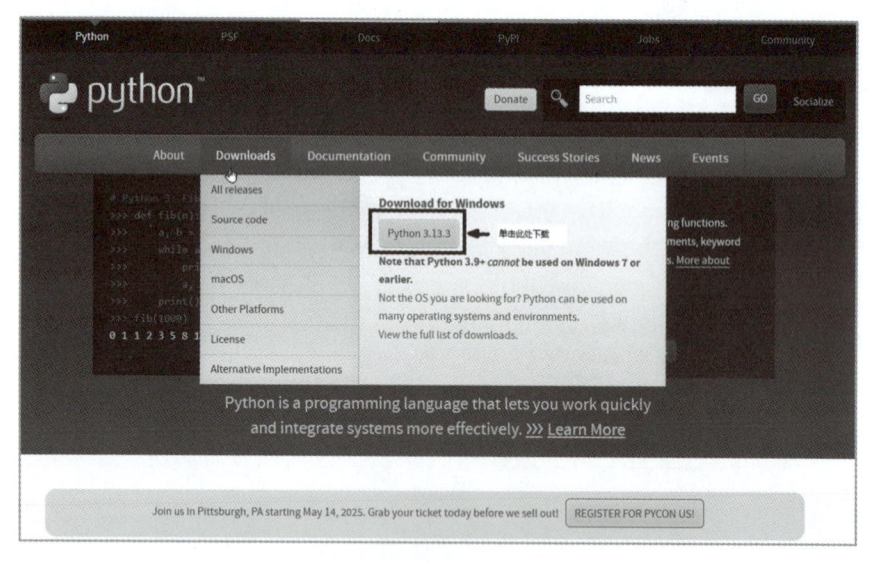

图 8-4

（3）安装：双击下载文件，根据向导进行安装。

（4）验证：完成安装后，打开命令提示符窗口，输入 python --version（Windows 系统建议使用 py --version），如果看到版本号则代表安装成功，如图 8-5 所示。

图 8-5

8.2.2 准备开发文档

（1）创建项目目录（如 D:\cursor\words）。

（2）在项目目录下创建文档目录"docs"。

（3）创建需求文档：为了提高 AI 生成的可控性，建议创建"用户需求分析.md"和"功能模块设计.md"，把自己的想法写入这两个文档。可以使用 DeepSeek 生成需求文档。

（4）创建高保真原型文件：创建文件"高保真原型.html"，借助 Readdy AI 生成高保真原型，并将高保真原型页面中的源代码复制到"高保真原型.html"中。

完成后的文档目录结构如图 8-6 所示。

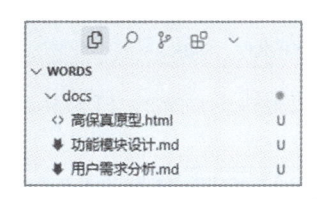

图 8-6

8.2.3 下载词库

（1）访问 GitHub 主页。

（2）在搜索框中输入"四六级词库"进行搜索，如图 8-7 所示。

（3）从搜索结果中选择合适的代码仓库，可以根据项目活跃度、星标数量等因素筛选，通常选择第一个，如图 8-8 所示。

图 8-7　　　　　　图 8-8

（4）进入所选代码仓库，在目录中找到想要的词库，用鼠标右键单击【原始地址】，在弹出的菜单中选择【在新窗口中打开链接】命令，如图 8-9 所示，下载词库并解压缩。

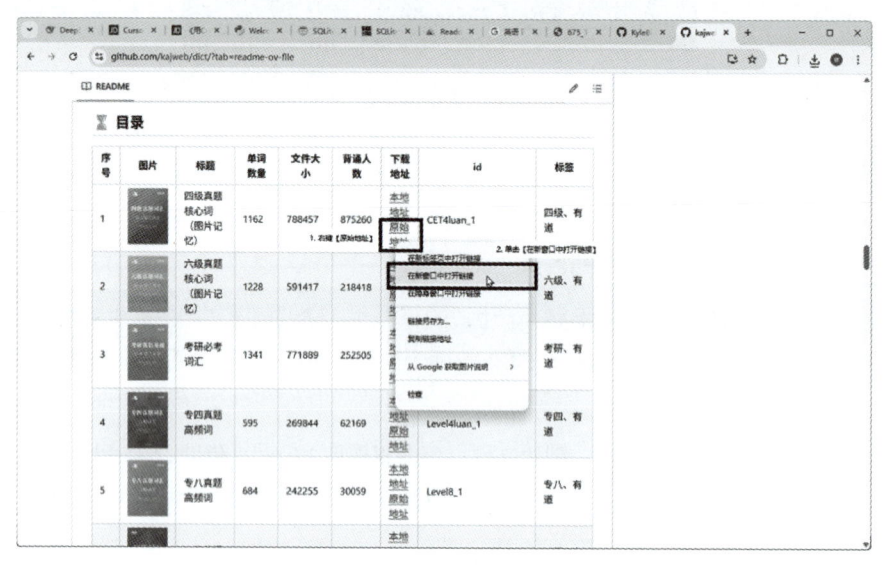

图 8-9

（5）在项目目录下创建"books"目录。

（6）将解压缩的词库文件复制到"books"目录中。

8.3 利用 Cursor 开发"我爱背单词"桌面应用

8.3.1 生成界面

（1）根据文档生成代码：在对话框中通过@docs 命令关联需求文档，让 Cursor 根据需求文档生成桌面应用。

> **❓ 向 Cursor 提问**
>
> 根据高保真原型@高保真原型.html 和需求文档@功能模块设计.md @用户需求分析.md，使用 Python 生成桌面应用"我爱背单词"。

Cursor 生成了 Python 语言的桌面应用"我爱背单词"，同时还生成了 README.md 和 requirements.txt 文档，如图 8-10 所示。

第 8 章 【项目实战】桌面应用"我爱背单词" | 125

图 8-10

8.3.2 详解项目目录，以便更好地理解代码

虽然现在功能还不够完善，但项目目录下已经有多个子目录和文件了，为了更好理解目录结构和代码，可以让 Cursor 来解释一下子目录和主要文件。

因为此时项目中已经有 README.md 文档，所以不需要生成新的 README.md，只需要让 Cursor 在该文档中增加子目录和主要文件的作用说明即可。

> **❓ 向 Cursor 提问**
>
> 在 README.md 文档中增加子目录和主要文件的作用说明。

Cursor 在 README.md 文件中详细介绍了各目录的作用及主要文件的作用：

```
words/
├── src/                        - 源代码目录
│   ├── main.py                 - 应用程序入口点
│   ├── core/                   - 核心功能模块
│   ├── database/               - 数据库相关
│   │   ├── words.db            - SQLite 数据库文件
│   │   └── db_manager.py       - 数据库管理接口
│   ├── ui/                     - 用户界面
│   │   ├── main_window.py      - 主窗口
│   │   ├── components/         - UI 组件
│   │   ├── dialogs/            - 对话框
│   │   └── widgets/            - 自定义控件
│   ├── utils/                  - 工具类
│   └── resources/              - 资源文件
```

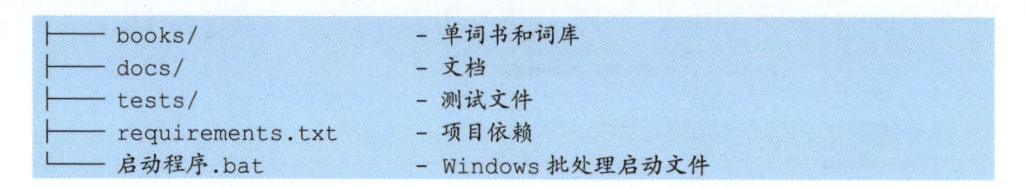

```
├── books/              - 单词书和词库
├── docs/               - 文档
├── tests/              - 测试文件
├── requirements.txt    - 项目依赖
└── 启动程序.bat         - Windows 批处理启动文件
```

8.3.3 启动桌面应用

代码已经生成好了,按以下步骤启动桌面应用。

(1)在 Cursor 菜单中单击【终端】→【新建终端】,如图 8-11 所示。

图 8-11

(2)在终端中执行以下命令安装依赖。

```
pip install -r requirements.txt
```

(3)在终端中执行以下命令启动应用。

```
python src/main.py
```

> **提示** main.py 有可能生成在项目目录下,此时启动应用的命令则是"python main.py"。

(4)如果在安装依赖或启动应用时终端报错,如图 8-12 所示,则复制报错信息,粘贴到 Cursor 对话框中,让 Cursor 解决问题。

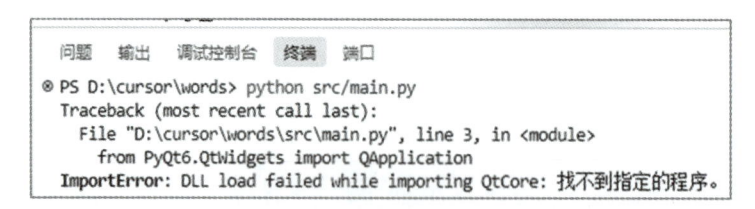

图 8-12

(5)处理完错误,就能看到应用正常运行,如图 8-13 所示。

可以看到,生成的界面与高保真原型的界面非常相似。如果需要进一步修改,则可以让 Cursor 继续修改。

第 8 章 【项目实战】桌面应用"我爱背单词" | 127

图 8-13

8.3.4 生成导入词库功能

当前应用仅为静态界面，数据也不全。接下来实现导入词库、依据词库学习等功能，提升应用的实用性。

> **❓ 向 Cursor 提问**
>
> 实现导入词库功能，待导入的文件格式参考@CET4luan_1.json。

在 Cursor 生成代码之后，在终端执行命令"python src/main.py"，应用中的数据已经被清空了。单击【导入】按钮，选择词库文件，再单击【导入】按钮，页面直接报错"JSON 格式错误，无法解析文件"，如图 8-14 所示。

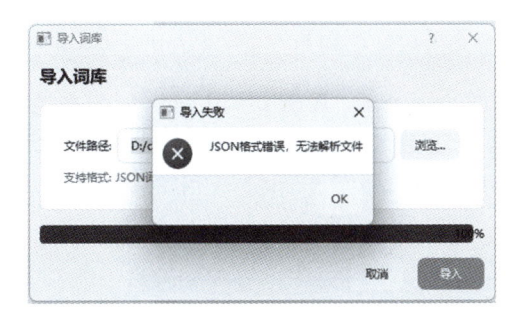

图 8-14

把这个错误信息粘贴到 Cursor 对话框中，并输入以下提示词：

> **❓ 向 Cursor 提问**
> 分析并解决这个 JSON 格式错误的问题。

Cursor 处理之后，再次运行并导入词库，导入成功，如图 8-15 所示。

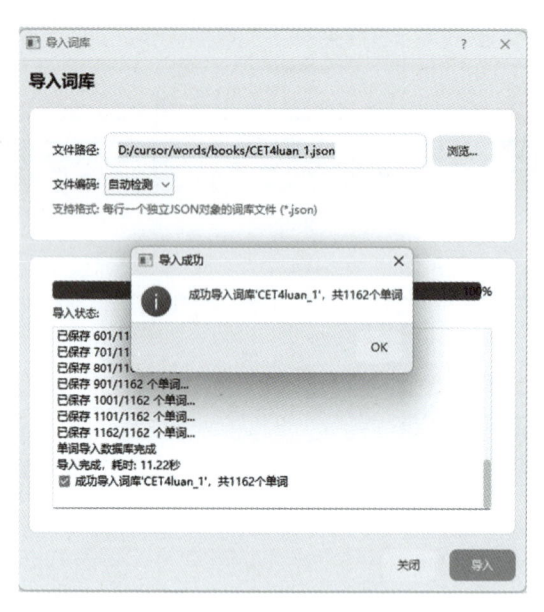

图 8-15

8.3.5 生成学习功能

1. 生成基础的学习功能

> **❓ 向 Cursor 提问**
> 根据需求文档@功能模块设计.md @用户需求分析.md 生成学习功能。

Cursor 实现了基础的学习功能，单击【学习】按钮，进入学习功能，再单击【开始学习】按钮，进入单词学习功能，效果如图 8-16 所示。应用中展示了单词、释义、例句，并提供了"不认识""模糊""认识"等选项，方便用户标识单词掌握程度，按照多样化学习模式学习单词。

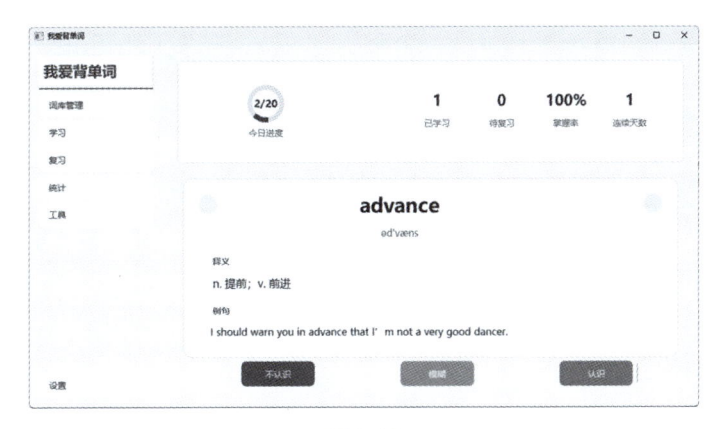

图 8-16

2. 增加朗读功能

为进一步优化学习体验，在学习单词时在单词右边增加一个【播放】按钮，单击该按钮可以朗读单词。

> ❓ **向 Cursor 提问**
>
> 学习单词时，在单词右边增加一个【播放】按钮，单击该按钮可以朗读单词。

Cursor 用文本转语音的技术，为单词学习过程添加了朗读功能，生成的效果如图 8-17 所示，单词和例句旁边均出现了【播放】按钮，单击它即可播放单词音频。

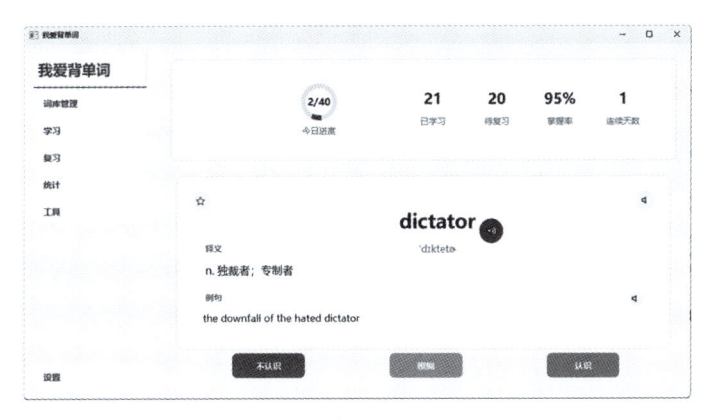

图 8-17

8.3.6 开发听写功能

前面的功能中有一个"复习"功能，为了与应用的定位更贴切，把"复习"改为"听写"。该功能播放单词音频，用户根据听到的音频内容输入单词，若输入正确则自动跳到下一个单词，若输入错误则不跳到下一个单词，但可手动跳到下一个单词。

> **❓ 向 Cursor 提问**
>
> 将菜单中"复习"改为"听写"，参考学习功能，但是界面只有一个播放按钮，用户根据听到的音频内容输入单词，若输入正确则自动跳到下一个单词，若输入错误则不跳到下一个单词，但用户可以手动跳到下一个单词。

Cursor 生成相关代码，完成听写功能开发，效果如图 8-18 所示。这个功能为用户提供了多样化的复习手段。

图 8-18

8.4 掌握桌面应用的关键技术

在使用 Cursor 开发"我爱背单词"桌面应用的过程中，代码全都是由 Cursor 生成的，初学者并不知道其中使用了哪些关键技术。下面借助 Cursor 的 Ask 模式来学习"我爱背单词"桌面应用的关键技术。

8.4.1 让 Cursor 解释关键技术

将 Cursor 对话框左下角的模式切换到"Ask"，然后输入提示词。

> **❓ 向 Cursor 提问**
>
> 这个桌面应用使用了哪些关键技术？

Cursor 对项目进行扫描,发现该应用使用到的关键技术如下。

- 前端框架:用 PyQt 5 构建桌面应用的 GUI,它提供了丰富的组件和布局管理功能,以方便用户可视化操作。
- 数据库技术:SQLAlchemy 是 ORM 框架,方便用 Python 操作数据库;SQLite 负责存储本地数据。
- 核心功能技术:Pandas 用于处理数据,Matplotlib 用于实现数据可视化,gTTS 用于生成音频,Playsound 用于播放音频,PyQtWebEngine 用于展示富文本。
- 网络通信:requests 库负责 HTTP 网络请求,实现数据交互和云端同步。
- 学习算法:基于遗忘曲线制订学习计划,利用多种学习模式和游戏化学习功能提升学习效果。
- 架构特点:采用模块化设计,按功能划分模块;遵循 MVC 架构,降低耦合度,便于开发维护。

下面只介绍其中读者以后可能会用得到的几项技术。

8.4.2 构建桌面交互界面的基石:PyQt 5

PyQt 5 是 Python 编程语言的一个库,它让 Python 开发者能够创建图形用户界面(GUI)应用程序。

在本应用中,PyQt 5 的作用如下。

(1)创建整个用户界面。

- 主窗口、按钮、标签、输入框等基本 UI 元素。
- 复杂的布局管理(如项目中使用的 QVBoxLayout、QHBoxLayout)。
- 堆叠式页面切换。

(2)提供信号与槽机制。

该机制用于实现用户交互响应,如单击某个按钮后切换页面。

例如代码中的:

```
self.sidebar.page_changed.connect(self.change_page)
```

这行代码的作用是:单击侧边栏按钮时发出信号,在主功能区收到信号后切换页面。

(3)定制界面样式。

- 通过 QSS(类似 CSS)文件可以设置桌面应用的样式,如项目中的 style.qss 文件。
- 支持自定义主题和界面美化。

（4）进行组件化开发。

- 项目中的 WordLibraryWidget、LearningWidget 等都是 PyQt 5 的组件。
- 每个功能模块都被封装为独立的 Widget，方便管理和重用。

（5）支持多媒体功能。

- PyQtWebEngine 用于展示富文本内容。
- 结合 Playsound 和 gTTS 可以实现单词发音功能。

8.4.3 管理本地数据的利器：SQLite

1. SQLite 简介

SQLite 是一个轻量级的关系型数据库，与传统数据库系统（如 MySQL、PostgreSQL）不同，它不需要单独的服务器进程，而是被直接集成到应用程序中。SQLite 将整个数据库存储在单个文件中，这个文件可以轻松地在不同设备间复制或移动。

> **提示** 初学者可以将 SQLite 理解为一个"文件数据库"，它把所有数据组织成结构化的表格并存储在一个文件中，让应用程序能够方便地保存和读取数据。

2. SQLite 在本应用中的作用

在本应用中，SQLite 的作用如下。

（1）存储本地数据。

- 应用中的 src/database/words.db 文件就是 SQLite 数据库文件。
- 存储所有单词信息、学习记录、用户进度等数据。

（2）持久化学习数据。

- 保存用户的单词学习历史、记忆进度。
- 存储复习计划数据。
- 记录各种学习统计信息用于数据可视化。

（3）管理词库。

- 存储多个词库的单词数据（考试词库、专业词库等）。
- 可能包含单词的发音、例句、释义等信息。

（4）配置应用。

存储用户偏好设置和应用配置信息。

3. SQLite 的优势

在这个应用中，SQLite 通过代码中的 DatabaseManager 类处理与数据库的所有交互。SQLite 的优势如下。

- 性能足够：对于个人使用的应用，SQLite 能够处理足够多的数据。
- 零配置：不需要设置服务器或端口。
- 可靠性高：支持事务处理，保证数据一致性。
- 跨平台：同一个数据库文件可以在不同操作系统上使用。

8.4.4 分析数据的得力助手：Pandas

1. Pandas 简介

Pandas 是 Python 用于数据分析和处理的库，它提供了灵活高效的数据结构，专门用于处理结构化数据（如表格、时间序列等）。Pandas 的两个核心数据结构是 Series（一维数组）和 DataFrame（二维表格），使数据的操作和分析变得简单且直观。

> **提示** 初学者可以将 Pandas 想象为"Excel 在 Python 中的高级版本"，它能帮助应用对用户的学习数据进行智能分析。

2. Pandas 在本应用中的作用

在本应用中，Pandas 的作用如下。

（1）分析/处理学习数据。

- 从数据库读取的单词学习记录可被转换为 DataFrame 数据进行高效分析。
- 计算学习进度、正确率、记忆效率等统计指标。

（2）生成学习曲线。

- 结合遗忘曲线算法分析学习历史。
- 处理时间序列数据，计算最佳复习时间点。

（3）过滤与分组数据。

- 根据难度、类别或掌握程度筛选单词。
- 对学习数据进行分组统计（如按天、周、月分析学习效果）。

（4）实现可视化。

- 与 Matplotlib 结合，将 DataFrame 数据转换为各类图表。
- 生成学习进度表、记忆曲线、薄弱点分析等可视化内容。

（5）导入/导出数据。

- 导入/导出 Excel 或 CSV 格式的单词表。
- 处理自定义词库的数据格式转换。

（6）支持智能学习算法。

- 为智能学习计划提供数据分析基础。
- 通过历史数据分析找出需要重点复习的单词。

8.4.5　实现单词朗读的关键：gTTS

gTTS（Google Text-to-Speech）是一个 Python 库，可以将文本转换为语音，支持多种语言和口音。作为初学者，可以将 gTTS 理解为一个"虚拟播音员"，它能够标准、清晰地朗读单词，帮助用户掌握正确的发音，而不必查找额外的音频资源。

在本应用中，gTTS 的作用如下。

（1）提供单词发音功能。

- 将英文单词转换为标准发音的音频。
- 帮助用户学习正确的单词读音。

（2）朗读例句。

- 不仅可以朗读单个单词，还可以朗读包含该单词的例句。
- 帮助用户理解单词在句子中的用法和发音。

（3）提供发音练习功能。

- 用户可以录制自己的发音并与标准发音对比。
- 帮助用户改进口语发音。

第 9 章
【项目实战】企业级应用——"社区超市"商城系统

前面我们学习了怎么用 Cursor 开发简单的应用，本章我们学习比较复杂的企业级应用开发，我们需要把复杂的业务逻辑拆解成简单的模块，再让 Cursor 完成开发任务。

9.1 预览商城系统

9.1.1 图解核心功能

1. 首页

上部导航栏包含搜索、登录、注册、购物车入口，中部展示热销商品与分类导航（如 3C、食品等），如图 9-1 所示。

图 9-1

2. 购物车

将商品添加到购物车后实时计算总价，支持修改商品数量或删除商品，如图 9-2 所示。

图 9-2

3. 订单管理

订单按"全部""待付款""待发货""待收货""已完成""已关闭"分类展示，支持关键词搜索与筛选，如图 9-3 所示。

图 9-3

9.1.2 技术亮点：企业级技术栈

"社区超市"商城系统使用企业级技术栈开发。

1. 后端架构

基于 Java 的企业级框架 Spring Boot，支持分布式部署，未来也可快速支持微服务化部署，支持高并发访问与横向扩展。

2. 数据库架构

采用 MySQL 存储核心业务数据（商品、订单、用户），采用 Redis 缓存高频访问数据（热销商品列表、用户会话信息），提升查询速度，降低数据库压力。

3. 前端架构

基于 Vue.js+Element UI，实现响应式布局，适配 PC 端和移动端，保证多设备的良好体验。

9.2 开发环境准备

在"社区超市"商城系统全栈开发项目启动前，全面且充分的准备工作是项目成功的关键。这不仅关系到后续开发的顺利进行，更直接影响商城系统最终的质量与实用性。下面从开发语言、开源开发平台、Java 环境以及 MySQL 数据库环境等多个重要方面进行详细阐述。

9.2.1 选择开发语言

很多大型电商平台都是使用 Java 语言开发的，例如，淘宝、天猫、京东、亚马逊。本项目也使用 Java 开发，Java 有以下优势：

- 企业级开发能力强

Java 凭借其健壮、安全和跨平台特性，结合 Spring Boot 的依赖注入与面向切面编程，可提升代码的可维护性与扩展性。例如，商品管理模块，依赖注入让数据访问层变化时业务逻辑改动很小。

- 稳定性与可靠性高

"社区超市"商城系统需持续运行，Spring Boot 的成熟架构和事务管理机制可保障购物车结算等操作的数据一致，避免异常导致的数据错误。

- 可扩展性好

业务发展会带来功能需求变化，Spring Cloud 支持微服务架构，便于引入新业务模块，如会员积分、线上配送服务。

- 技术生态成熟

活跃的技术社区提供了技术文档、开源示例和经验分享，可帮助解决开发难题。同时，众多第三方库可增强项目功能。

9.2.2 下载基础开发平台

开源社区中有很多优秀的 Java 基础开发平台，这些平台可以帮开发者实现常见且通用的功能，如注册/登录、用户管理等功能，开发者不必花大量时间去开发这些常见功能，只需要专注于业务逻辑的开发。其中若依（Ruoyi）平台尤其突出，本项目选用若依平台作为基础开发平台，同时结合 Vue.js 进行前端开发。

1. 若依平台的优势

基于 Spring Boot 和 Spring Cloud，功能组件丰富，可减少基础开发量。其权限管理系统实现了角色权限细粒度控制，可保障数据安全。代码生成器可根据数据库表结构自动生成代码，提高开发效率。且它对数据库兼容性好，操作封装便捷。

2. Vue.js 的优势

简洁灵活，组件化开发便于构建购物车、商品展示等界面。结合 Vue Router 和 Vuex，可实现页面平滑切换和高效状态管理，提升用户体验。

3. 下载步骤

（1）访问 Gitee，在搜索栏输入"ruoyi-vue"，如图 9-4 所示，选择"若依/ruoyi-vue"项目。

图 9-4

（2）进入项目，单击"克隆/下载"按钮，在弹出窗口中单击"下载 ZIP"按钮，如图 9-5 所示。

图 9-5

（3）创建项目目录（如"D:\cursor\shop"），将下载的文件解压到此目录。

9.2.3 准备 Java 环境

1. 安装 IntelliJ IDEA

（1）访问 JetBrains 官网，找到 IntelliJ IDEA 入口，如图 9-6 所示。

图 9-6

（2）在 IntelliJ IDEA 产品页面，单击"下载"按钮，进入下载页面。

（3）找到 Community 版本，单击该版本下面的"下载"按钮，如图 9-7 所示。

图 9-7

（4）下载完成之后，双击文件，根据安装程序的指引进行安装。

2. 安装 JDK

（1）用 IDEA 打开项目目录，打开文件"RuoYiApplication"，如图 9-8 所示。提示：第一次打开此文件时，IDEA 会提示"未定义项目 JDK"。

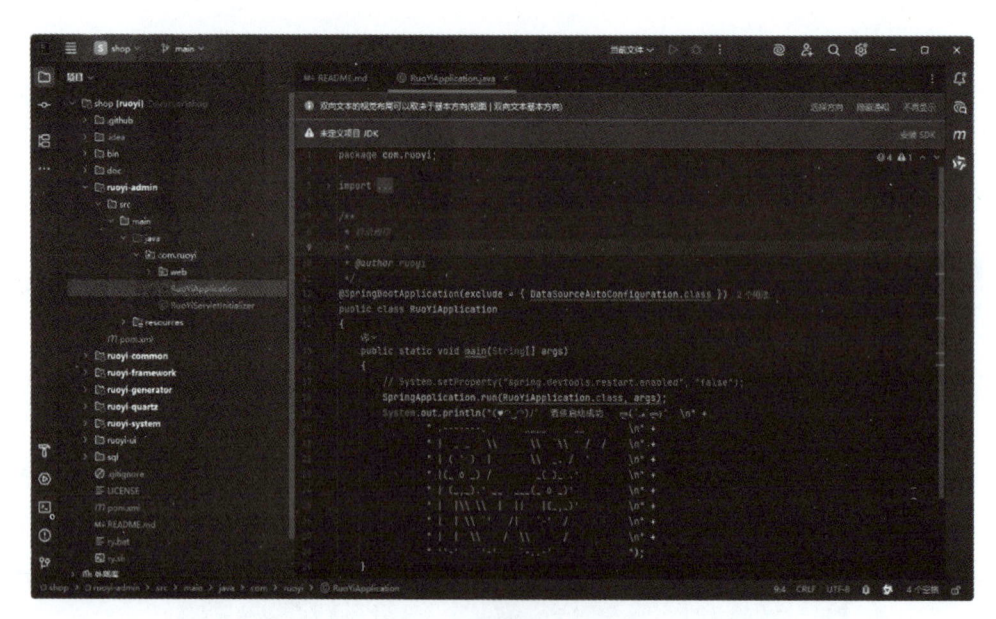

图 9-8

（2）单击提示条右侧的"安装 SDK"按钮，选择"下载 JDK"。

（3）在"下载 JDK"对话框中，选择"1.8"版本，再选择存储 JDK 的位置，如图 9-9 所示。

第 9 章 【项目实战】企业级应用——"社区超市"商城系统 | 141

图 9-9

9.2.4 准备 MySQL 数据库环境

1. 下载并安装 MySQL

（1）访问 MySQL 官网，找到页面底部的"下载"列表，单击"MySQL Community Server"链接，如图 9-10 所示。

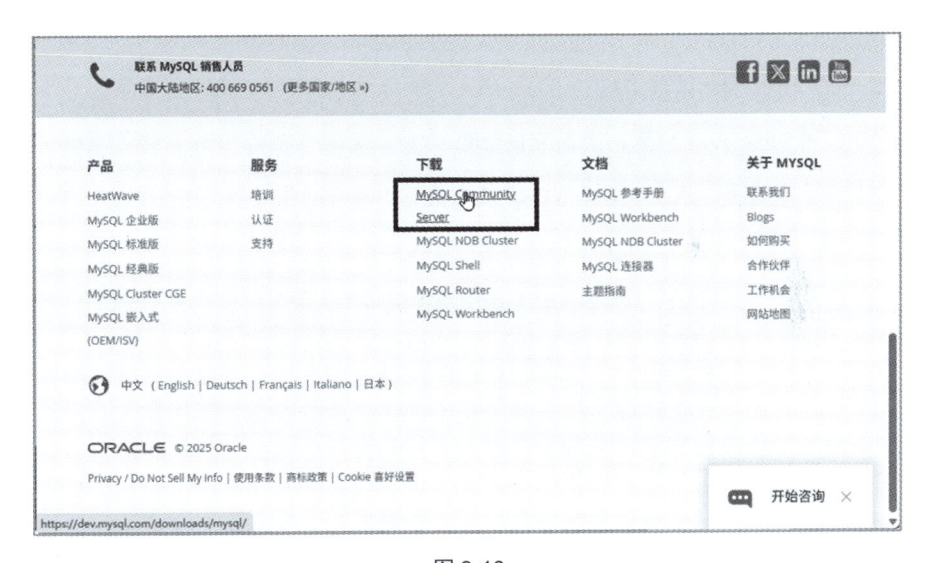

图 9-10

（2）选择"8.0.42"版本，再选择自己电脑的操作系统，然后单击下方的下载链接，如图 9-11 所示。

（3）进入下载页面，如果提示需要登录或注册，可以直接单击"No thanks, just start my download."链接进行下载，如图 9-12 所示。

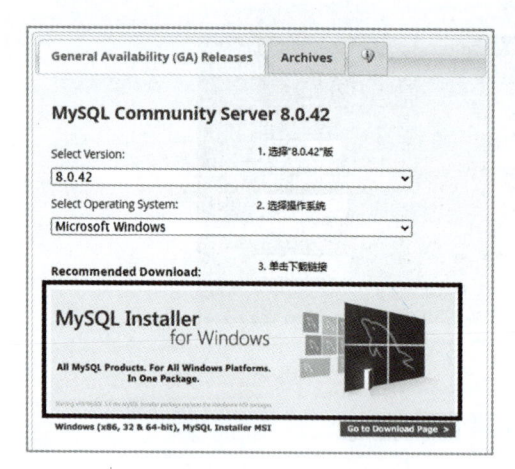

图 9-11　　　　　　　　　　　　　图 9-12

（4）双击下载的文件，按照安装程序的指引进行安装。

> **提示**　在安装过程中，需要设置数据库的用户名和密码，请务必牢记用户名和密码。

2. 安装 MySQL 管理工具

（1）打开 DBeaver 官网，进入下载页面。

（2）根据电脑操作系统下载相应的安装文件，如图 9-13 所示。

图 9-13

（3）双击下载的文件，按照安装程序的指引进行安装。

（4）打开 DBeaver，单击"创建连接"旁边的下拉按钮，选择"MySQL"，如图 9-14 所示。

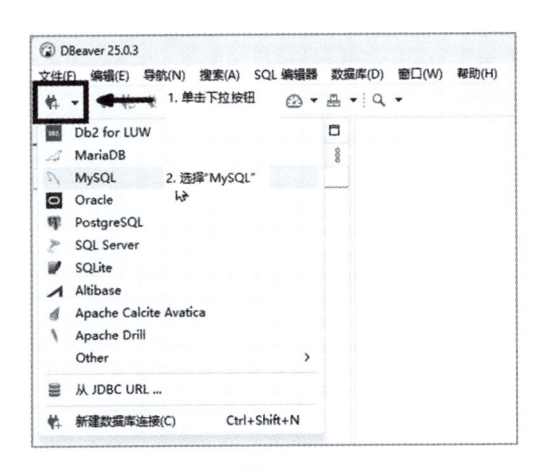

图 9-14

（5）填写 MySQL 连接信息，如图 9-15 所示。

图 9-15

> **提示** 用户名和密码是安装 MySQL 时设置的。

（6）单击"完成"按钮。

9.2.5 初始化数据库

要运行若依平台,需要先初始化数据库,下面讲解如何初始化数据库。

(1)创建数据库

在 DBeaver 中打开数据库,使用鼠标右键单击"数据库"→"新建数据库",如图 9-16 所示。输入数据库名称,字符集选择"utf8mb4",如图 9-17 所示,单击"确定"按钮。

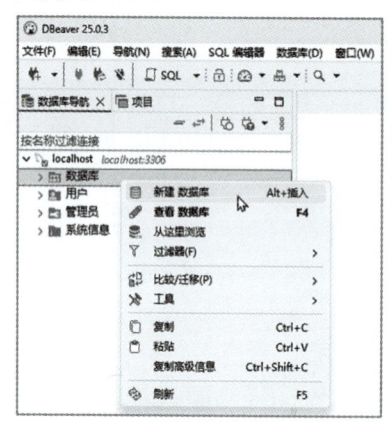

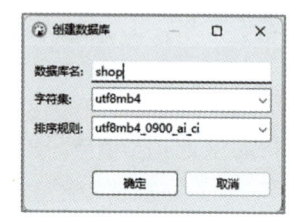

图 9-16 图 9-17

(2)导入初始化数据

使用鼠标右键单击刚创建的数据库→"工具"→"恢复数据库",如图 9-18 所示。在"输入"栏选择项目目录中的"ry_20250417.sql"文件,如图 9-19 所示,并且勾选"禁用外键检查",单击"开始"按钮。

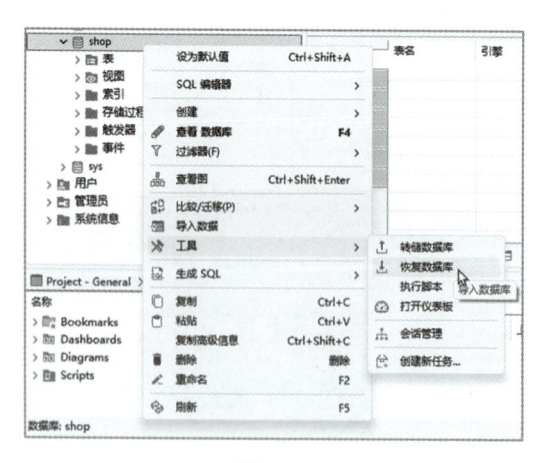

图 9-18

图 9-19

（3）导入定时任务数据

重复上述步骤，不同的是在"输入"栏选择项目目录中的"quartz.sql"文件。

（4）修改项目中的数据库连接配置

找到项目目录中的 application-druid.yml 文件，修改主库数据源的数据库名称、用户名、密码，如图 9-20 所示。

图 9-20

9.2.6　安装 Redis

（1）访问 GitHub 官网，搜索"redis-windows/redis-windows"，如图 9-21 所示。

图 9-21

（2）进入代码仓库，找到右边的"Release"区域，单击"Redis 7.4.3 for Windows"链接，如图9-22所示，进入下载页面。

图 9-22

（3）在下载页面，找到第一个下载链接，如图9-23所示，单击链接进行文件下载。

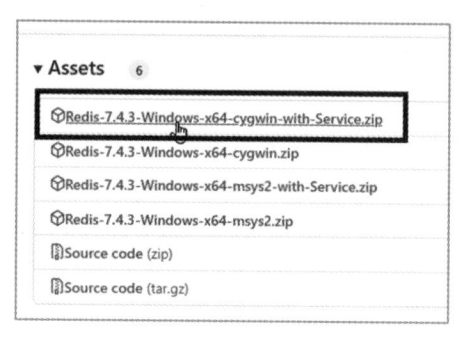

图 9-23

（4）将下载文件解压至程序安装目录（如 D:\Program Files\Redis-7.4）。

（5）进入安装目录，以管理员身份运行"install_redis_service.bat"。

（6）如果 Windows 系统弹出如图9-24所示窗口，则单击"更多信息"链接，再单击"仍要运行"按钮。

图 9-24

（7）在弹出的命令行窗口中，按 Enter 键使用默认配置进行安装，如图 9-25 所示。

图 9-25

9.2.7 安装 Node.js

（1）打开 Node.js 官网，进入下载页面。

（2）选择版本和操作系统，如图 9-26 所示。

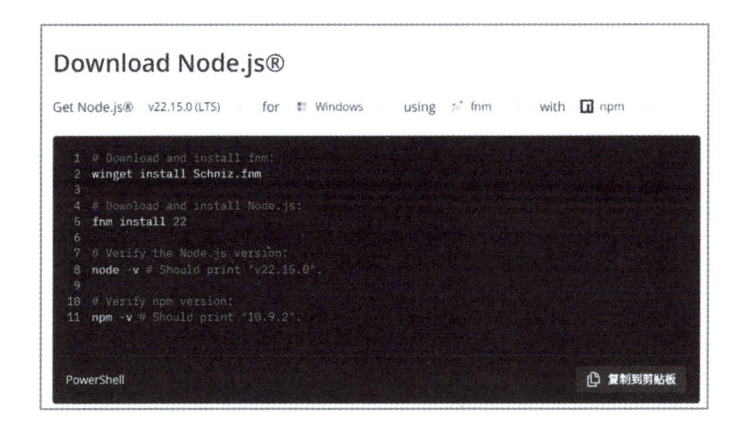

图 9-26

（3）复制生成的命令，打开系统的 PowerShell，粘贴并执行命令。

9.3 Cursor 开发应用

9.3.1 运行基础平台

完成开发环境的搭建后，接下来要让若依平台先运行起来，为后续开发奠定基础。

1. 运行后端

（1）进入 IDEA，打开文件"RuoYiApplication"。

（2）单击工具栏中的运行按钮，如图 9-27 所示。

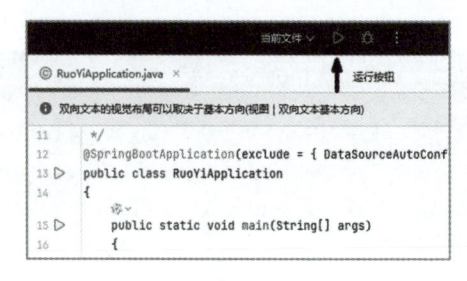

图 9-27

（3）在控制台看到"若依启动成功"字样，则代表运行成功。

> **提示** 如果失败，会看到报错信息，可把报错信息复制到 Cursor 中，使用 Ask 模式询问失败的根本原因。

2. 运行前端

（1）用 Cursor 打开项目目录。

（2）打开终端，在终端中输入以下命令：

```
cd ruoyi-ui
npm install
npm run dev
```

（3）打开浏览器，在地址栏输入"http://localhost"，如图 9-28 所示。默认用户名为"admin"，默认密码为"admin123"，输入验证码，单击"登录"按钮。登录成功则代表部署成功，否则代表失败，此时可在 Cursor 对话框中输入问题描述，让 Cursor 来处理问题。

图 9-28

9.3.2 生成"商品管理"功能

当前项目仅具备基础功能,"社区超市"商城系统的核心商品管理功能尚未开发。下面将借助 Cursor 逐步实现这一功能。

1. 设计表结构

> **向 Cursor 提问**
>
> 现在需要在若依平台的基础上开发"社区超市"商城系统。
> 阅读现有的表结构@ry_20250417.sql,设计商品管理相关表的结构要求:
> 1. 以 shop_ 作为前缀。
> 2. 表结构 SQL 写入 ry_20250417.sql 文件。

Cursor 根据需求设计出以下商品管理相关表。

- 商品分类表(shop_category):支持多级分类结构,包含分类图标、排序、状态等信息。
- 商品品牌表(shop_brand):存储品牌基本信息,包含品牌 logo、描述和官网。
- 商品规格表(shop_spec):用于定义商品规格选项,规格选项以 JSON 格式存储。
- 商品属性表(shop_attribute):支持销售属性和基本属性两种类型,属性值以 JSON 格式存储。
- 商品基本信息表(shop_goods):存储商品主要信息,包含价格、库存、重量等基础数据,支持新品、热销、推荐等标记。
- 商品 SKU 表(shop_goods_sku):存储商品的具体 SKU 信息,包含 SKU 的价格、库存、规格等。
- 商品评价表(shop_goods_comment):存储用户对商品的评价信息,支持图片评价和商家回复。
- 促销活动表(shop_promotion):支持满减、折扣、秒杀、特价四种促销类型,包含促销规则、时间设置等。
- 促销商品关联表(shop_promotion_goods):关联促销活动与商品,支持促销价格和限购设置。

2. 执行 SQL

(1)复制 Cursor 生成的 SQL。

(2)打开 DBeaver,使用鼠标右键单击项目数据库→"SQL 编辑器"→"新建 SQL 编辑器",在编辑器中粘贴上一步复制的 SQL,如图 9-29 所示。

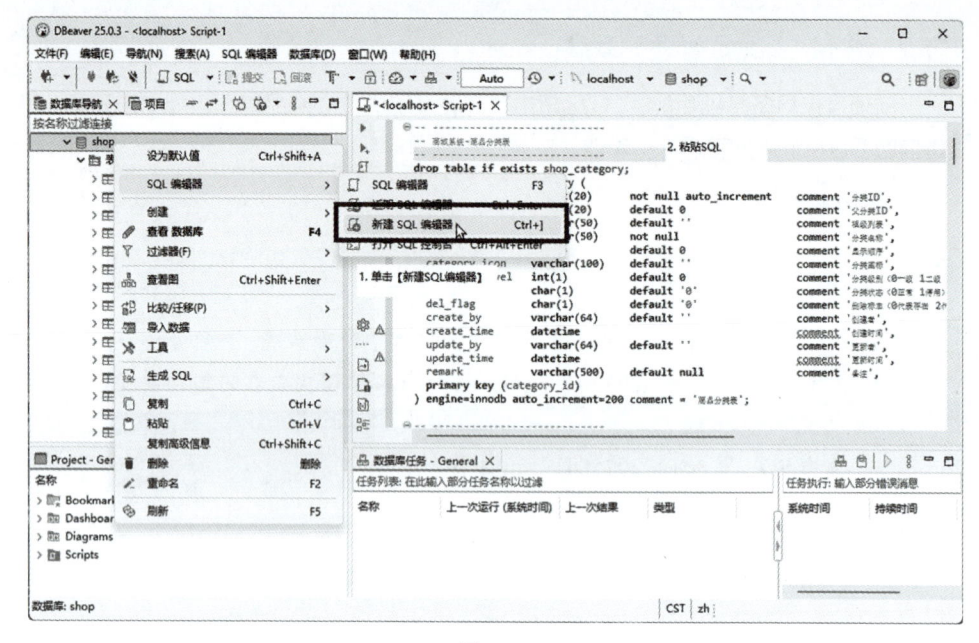

图 9-29

（3）单击"执行 SQL"按钮，如图 9-30 所示。

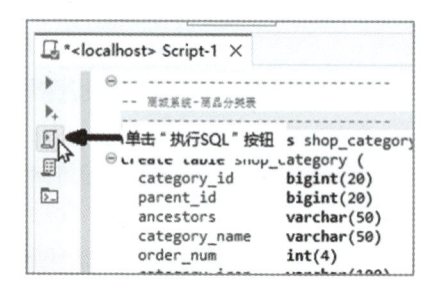

图 9-30

3. 生成后端

（1）在 Cursor 中生成后端代码

> **❓ 向 Cursor 提问**
>
> 根据前面生成的表结构，生成商品相关的后端代码：
> 1. 包括实体类、mapper、service、controller。
> 2. 生成的代码存放在 ruoyi-admin 目录下。
> 3. 参考现有的代码格式和规范。

第 9 章 【项目实战】企业级应用——"社区超市"商城系统 | 151

Cursor 按照要求，生成了实体类、Mapper、Service、Controller，如图 9-31 所示。

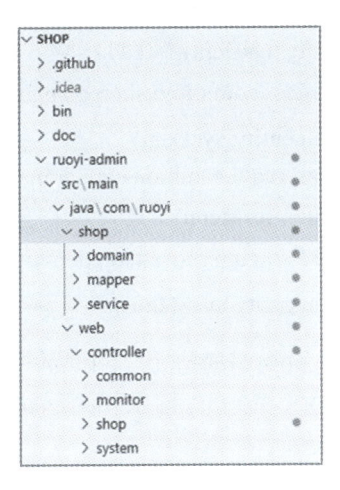

图 9-31

（2）在 IDEA 中运行

在 IDEA 中打开文件 "RuoYiApplication"，单击运行按钮。

（3）错误处理

Cursor 一次性生成大量代码，很可能会有一些错误，如图 9-32 所示。

图 9-32

将报错信息复制到 Cursor 对话框中，让 Cursor 修改错误。

❓ 向 Cursor 提问

D:\cursor\shop\ruoyi-admin\src\main\java\com\ruoyi\shop\service\impl\ShopCategoryServiceImpl.java:88:42
　　java: 不兼容的类型: 无法推断类型变量 R
　　　　(参数不匹配; 构造器引用无效

> 对于 TreeSelect(com.ruoyi.shop.domain.ShopCategory)，找不到合适的构造器
>
> 构造器 com.ruoyi.common.core.domain.TreeSelect.TreeSelect(com.ruoyi.common.core.domain.entity.SysDept)不适用
>
> (参数不匹配；com.ruoyi.shop.domain.ShopCategory 无法转换为 com.ruoyi.common.core.domain.entity.SysDept)
>
> 构造器 com.ruoyi.common.core.domain.TreeSelect.TreeSelect(com.ruoyi.common.core.domain.entity.SysMenu)不适用
>
> (参数不匹配；com.ruoyi.shop.domain.ShopCategory 无法转换为 com.ruoyi.common.core.domain.entity.SysMenu))

Cursor 找到问题的原因是 ShopCategory 类不能转换成 TreeSelect 类，通过增加转换工具类来修改错误，使 ShopCategory 对象可以正确地转换为 TreeSelect 对象，支持构建分类树形结构，便于前端展示。

4. 生成前端

> **向 Cursor 提问**
>
> 在 @ruoyi-ui 中生成商品后端管理相关的前端代码。

Cursor 生成商品分类和商品管理的相关页面，效果如图 9-33 所示。

图 9-33

单击"新增"按钮，添加商品信息并保存后，可以看到商品信息，如图 9-34 所示。

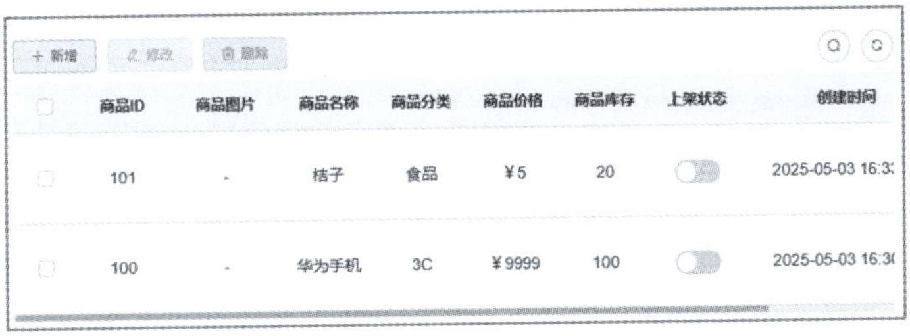

图 9-34

9.3.3 生成"超市首页"

目前项目仅有面向管理员的后端，还缺少面向客户的网站，可以参考第 3 章借助 DeepSeek 来系统性地规划设计面向客户的网站，为了简化过程，下面将使用 Cursor 来生成面向客户的"超市首页"。

1. 生成前端

（1）创建面向客户的网站目录

在项目目录下，创建目录"user-ui"，面向客户的网站页面都将放在此目录下。

（2）使用 Cursor 生成"超市首页"

> **❓ 向 Cursor 提问**
>
> 生成"社区超市"商城系统面向客户的网站首页，要求：
> 1. 新建一个 Web 工程来创建"社区超市"商城系统的用户端网站。
> 2. 已经在项目根目录下创建目录 user-ui 用于新建用户端 Web。
> 3. Web 端口使用 81。
> 4. 技术栈参考后端管理系统的技术栈。
> 5. 暂时只生成"超市首页"，其他页面暂时不用生成。
> 6. 适配手机端页面。

Cursor 使用 Vue.js 2.x、Element UI 等技术生成面向客户的"超市首页"。

（3）运行

单击菜单"终端"→"新建终端"，再输入以下命令：

```
cd user-ui
npm install
npm run dev
```

（4）预览

打开浏览器，在地址栏输入"http://localhost:81"，如图 9-35 所示，可以看到"超市首页"，但这里的数据还是假数据。

图 9-35

2. 生成后端

创建接口，让"超市首页"的数据使用后端添加的商品分类和商品信息，不再使用假数据。

（1）生成后端接口

> **向 DeepSeek 提问**
>
> 在 @ruoyi-admin 中生成"超市首页"的接口。
> 用户不用登录也可以浏览首页。

Cursor 生成了"超市首页"所需要的商品分类和商品信息的接口。

（2）前端数据请求后端接口

> **向 Cursor 提问**
>
> 前端调用后端商品分类和商品数据的接口。

Cursor 将页面中的商品信息改为调用后端接口，不再是假数据。效果如图 9-36 所示，商品分类和商品数据皆来源于后端管理系统。

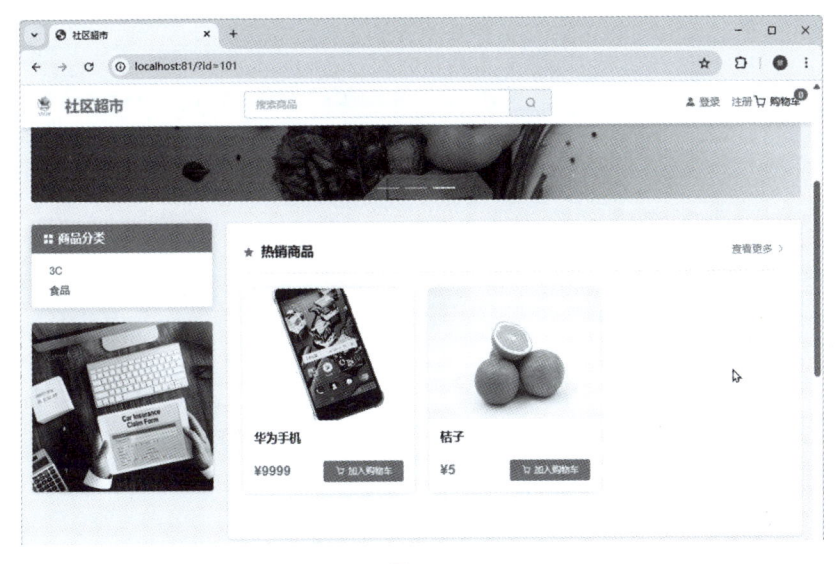

图 9-36

9.3.4 详解项目目录，以便更好地理解代码

当前项目目录已经有后端代码、面向管理员的后端网站代码、面向客户的网站代码，目录结构比较复杂，了解各目录的作用，才能更好地理解代码，方便后续开发。因为下载的若依平台代码中已经包含了"README.md"文件，只需要让 Cursor 在"README.md"中增加目录结构说明。

> **❓ 向 Cursor 提问**
>
> 在 @README.md 中增加目录结构说明。

Cursor 在"README.md"文件中详细解释了各目录的作用及主要文件的作用：

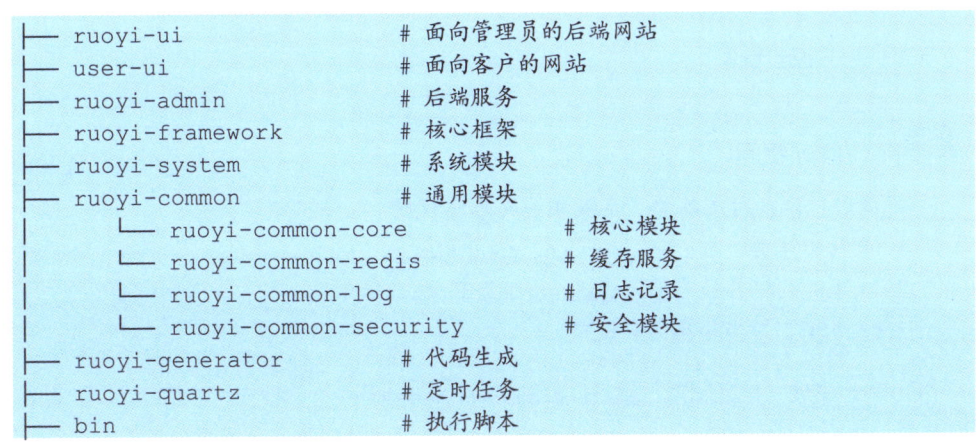

```
├── ruoyi-ui                      # 面向管理员的后端网站
├── user-ui                       # 面向客户的网站
├── ruoyi-admin                   # 后端服务
├── ruoyi-framework               # 核心框架
├── ruoyi-system                  # 系统模块
├── ruoyi-common                  # 通用模块
│    └── ruoyi-common-core        # 核心模块
│    └── ruoyi-common-redis       # 缓存服务
│    └── ruoyi-common-log         # 日志记录
│    └── ruoyi-common-security    # 安全模块
├── ruoyi-generator               # 代码生成
├── ruoyi-quartz                  # 定时任务
├── bin                           # 执行脚本
```

```
├── doc              # 项目文档
├── sql              # 数据库脚本
├── ry.sh            # Linux 启动脚本
├── ry.bat           # Windows 启动脚本
└── pom.xml          # 公共依赖
```

9.3.5 创建面向客户的用户体系

项目现有的面向后端管理员的用户体系无法满足需求，还需要创建面向客户的用户体系。

1. 新增项目规则

增加用户体系，必然需要增加数据库表，而新增表需要以下规则：

新增数据库表以 shop_ 作为前缀
表结构 SQL 写入 ry_20250417.sql 文件

因为此规则与前面商品管理相关表的规则相同，后续其他功能也需要此规则，所以可以在本项目规则中增加这两条规则。

2. 设计表结构

> **？ 向 Cursor 提问**
>
> 现在为"社区超市"商城系统增加用户体系，先设计用户体系相关的表结构。

Cursor 为用户体系新增了以下表：

- shop_member：会员表。
- shop_member_level：会员等级表。
- shop_address：收货地址表。

3. 生成后端

（1）生成基础代码

> **？ 向 Cursor 提问**
>
> 根据用户体系的表结构，生成相关的后端代码：
> 1. 包括实体类、mapper、service、controller。
> 2. 生成的代码存放在 ruoyi-admin 目录下。
> 3. 参考现有的代码格式和规范。

Cursor 生成"社区超市"用户体系的主要代码类如下：

- ShopMember：会员信息。
- ShopMemberLevel：会员等级。
- ShopAddress：收货地址。
- ShopMemberMapper：会员数据的访问接口。
- ShopMemberService：会员服务的业务逻辑接口。
- ShopMemberServiceImpl：会员服务的业务逻辑实现。
- ShopMemberController：会员服务的 API。

（2）生成权限管理代码

> **向 Cursor 提问**
>
> 生成用户体系中的注册、登录以及鉴权相关代码。

Cursor 为用户体系生成了以下功能：

- 会员登录后生成 Token 并存储在 Redis 中。
- 登录接口不需要鉴权，其他需要鉴权的接口使用@ShopMemberLogin 注解标记。
- 拦截器会拦截标记了@ShopMemberLogin 的请求，验证 Token 的有效性。
- 验证通过后将会员 ID 存入 request 中，方便业务代码使用。

4. 生成前端

> **向 Cursor 提问**
>
> 在 @user-ui 生成注册、登录页面。

Cursor 生成的注册、登录页面效果如图 9-37 和 9-38 所示。

图 9-37

图 9-38

9.3.6 生成"购物车"功能

"购物车"是商城系统的必备功能,下面借助 Cursor 实现该功能。

1. 设计表结构

> **❓ 向 Cursor 提问**
>
> 为"社区超市"商城系统设计购物车相关的表结构。

Cursor 新增了以下表:

- shop_cart:购物车表。

2. 生成后端

> **❓ 向 Cursor 提问**
>
> 根据用户体系的表结构,生成相关的后端代码:
> 1. 包括实体类、mapper、service、controller。
> 2. 生成的代码存放在 ruoyi-admin 目录下。

Cursor 生成了购物车服务接口:包含查询、添加、修改和删除购物车中商品的方法。

3. 生成前端

> **❓ 向 Cursor 提问**
>
> 在 @user-ui 实现添加商品至购物车的功能,并生成购物车相关页面。

> **Ⓐ Cursor 的回复**
>
> 我将为你在 user-ui 中实现购物车功能并生成相关页面。
> ……
> (内容过长,部分内容省略)

Cursor 实现了将商品添加至购物车以及购物车中商品相关的功能,效果如图 9-39 和 9-40 所示。

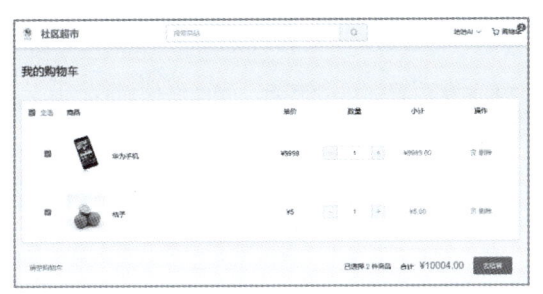

图 9-39

图 9-40

9.3.7 生成模拟支付流程

1. 一张图看懂支付流程

支付流程较为复杂，简化后的流程如图 9-41 所示。

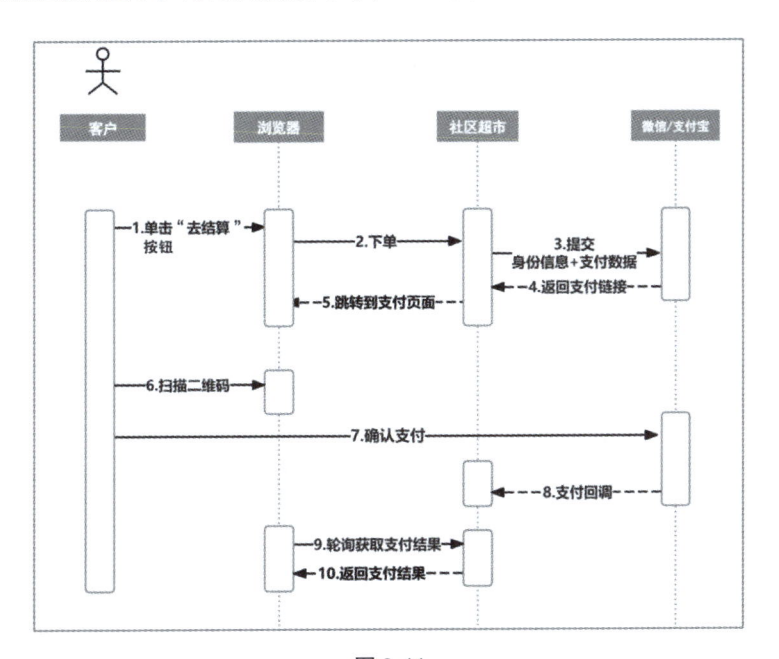

图 9-41

支付流程有以下关键步骤：

（1）客户已经添加商品至购物车，单击"去结算"按钮。

（2）浏览器向"社区超市"商城系统发送下单请求。

（3）"社区超市"商城系统向微信或支付宝提交身份信息和支付数据。

（4）微信或支付宝根据身份信息和支付数据返回支付链接。

（5）"社区超市"商城系统通知浏览器跳转到支付页面。

（6）客户看到支付页面，使用微信或支付宝扫描付款二维码。

（7）客户确认支付，确认信息直接发给微信或支付宝。

（8）微信或支付宝收到确认支付的信息后，通知"社区超市"商城系统已完成收款。

（9）浏览器在发送下单请求之后，就一直轮询获取支付结果。

（10）当"社区超市"商城系统收到收款信息之后，订单支付完成，向浏览器返回支付结果，用户看到下单成功的提示。

2. 模拟支付

由于完整地实现支付流程需要申请开通微信支付或支付宝支付的商家权限，所以这里仅做模拟支付流程。

> **❓ 向 Cursor 提问**
>
> 生成结算功能，使用模拟支付流程。

Cursor 使用模拟支付流程完成了结算的前、后端功能。

当用户单击支付按钮时：

（1）前端弹出支付对话框，显示订单金额和支付方式选项。

（2）用户选择支付方式并确认付款。

（3）后端更新订单状态为"已支付"，并返回支付成功信息。

（4）前端显示支付成功提示。

支付页面效果如图 9-42 所示。

图 9-42

9.3.8 生成"订单管理"功能

1. 设计表结构

> **? 向 Cursor 提问**
> 为"社区超市"商城系统设计订单相关的表结构。

Cursor 为"订单管理"功能新增了以下表：

- shop_order：订单表。
- shop_order_item：订单项目表。

2. 生成后端

> **? 向 Cursor 提问**
> 根据订单相关的表结构，生成订单相关的后端代码：
> 1.包括实体类、mapper、service、controller。
> 2.生成的代码存放在 ruoyi-admin 目录下。

Cursor 生成了订单及订单项目相关接口：包含创建订单、修改订单状态的相关方法。

3. 生成前端

> **? 向 Cursor 提问**
> 在 @user-ui 实现订单管理页面。

Cursor 生成了订单管理页面，效果如图 9-43 所示。

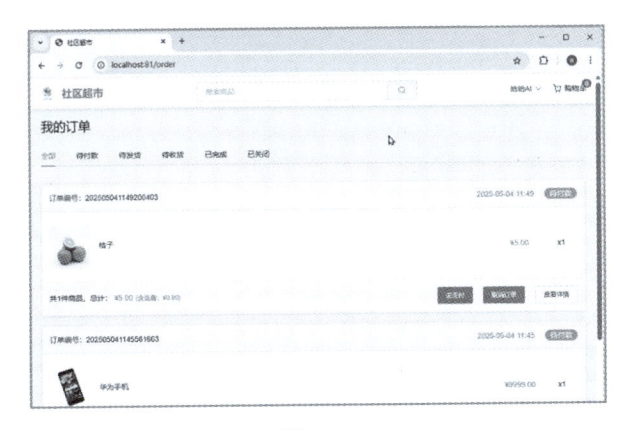

图 9-43

9.4 拓展提高

9.4.1 学习什么是事务

在"社区超市"商城系统的开发中，事务是确保数据完整性和一致性的关键机制。简单来说，事务是由一组相关的数据库操作组成的逻辑单元，这些操作要么全部成功执行，要么全部失败并回滚，就像一个不可分割的整体。

以用户下单购买商品为例，这一过程涉及多个数据库操作，包括减少商品库存、增加订单记录、更新用户消费金额等。如果这些操作没有被作为一个事务来处理，可能会出现部分操作成功、部分操作失败的情况。例如，商品库存减少了，但订单记录却没有成功添加，这会导致数据不一致，给商城运营带来极大的问题，影响用户体验。

在 Java 的 Spring 框架中，事务管理非常方便。通过 @Transactional 注解，可以轻松地将一个方法或类标记为支持事务处理。例如，在订单服务类中，对于创建订单的方法，可以添加 @Transactional 注解：

```java
@Service
public class OrderServiceImpl implements OrderService {

    @Autowired
    private OrderMapper orderMapper;

    @Autowired
    private GoodsMapper goodsMapper;

    @Transactional
    @Override
    public void createOrder(Order order) {
        // 减少商品库存
        Goods goods = goodsMapper.selectGoodsById(order.getGoodsId());
        if (goods.getStock() >= order.getQuantity()) {
            goods.setStock(goods.getStock() - order.getQuantity());
            goodsMapper.updateGoodsStock(goods);
        } else {
            throw new RuntimeException("商品库存不足");
        }
        // 增加订单记录
        orderMapper.insertOrder(order);
    }
}
```

当这个方法被调用时，如果在减少商品库存和增加订单记录的过程中任何一个操作出现异常，整个事务会自动回滚，保证数据的一致性。

9.4.2 掌握如何防范 SQL 注入

SQL 注入是一种常见且极具威胁的针对数据库的攻击手段。在"社区超市"这类应用里，如果对此缺乏防范，极有可能造成数据泄露、被篡改等严重问题。SQL 注入通常在应用程序依据用户输入构建 SQL 语句时发生，若未对用户输入进行严格验证与过滤，恶意用户就能借助输入特殊字符改变 SQL 语句的逻辑，进而非法操作数据库。

例如，在用户登录功能中，若使用拼接字符串的方式构建 SQL 查询语句，就会存在极大风险：

```
// 存在 SQL 注入风险的代码示例
public User login(String username, String password) {
    String sql = "SELECT * FROM shop_member WHERE username = '" + username
+ "' AND password = '" + password + "'";
    // 执行 SQL 查询并返回结果
}
```

恶意用户在密码输入框输入类似 "' OR '1'='1" 的内容，拼接后的 SQL 语句就变为 "SELECT * FROM shop_member WHERE username = ' 任意值 ' AND password = '' OR '1'='1'"，这会导致无论用户名和密码是否正确，都能成功登录系统。

在"社区超市"商城系统中，采用 MyBatis 持久化框架，该框架已实现了对 SQL 注入的有效防范。MyBatis 主要通过预编译机制来防止 SQL 注入。在使用 MyBatis 进行数据库操作时，开发者编写的 SQL 语句会被预编译，用户输入的数据会被当作参数传递，而不是直接拼接在 SQL 语句中。

以查询商品信息为例，在 MyBatis 的映射文件中可以这样编写：

```
<select id="selectGoodsById" parameterType="int"
resultType="com.ruoyi.shop.domain.ShopGoods">
    SELECT * FROM shop_goods WHERE goods_id = #{goodsId}
</select>
```

这里的#{goodsId}就是预编译占位符。MyBatis 会将传入的 goodsId 参数值安全地传递给 SQL 语句，而不会将其直接拼接，从而避免了 SQL 注入风险。

此外，MyBatis 还支持动态 SQL，在动态 SQL 中同样遵循预编译机制。例如，根据不同条件查询商品列表：

```
<select id="selectGoodsList"
parameterType="com.ruoyi.shop.domain.query.GoodsQuery"
resultType="com.ruoyi.shop.domain.ShopGoods">
    SELECT * FROM shop_goods
```

```xml
    <where>
        <if test="categoryId!= null">
            AND category_id = #{categoryId}
        </if>
        <if test="keyword!= null and keyword!= ''">
            AND goods_name LIKE CONCAT('%', #{keyword}, '%')
        </if>
    </where>
</select>
```

在这段动态 SQL 中，无论是 categoryId 还是 keyword 参数，都通过预编译的方式进行处理，确保了数据的安全性，有效防止了 SQL 注入攻击。

除了 MyBatis 框架自身的防护机制，在项目开发过程中，仍需遵循一些最佳实践来进一步增强安全性。

- 输入验证和过滤

对用户输入进行严格的验证和过滤，只允许合法的字符和格式。例如，对于用户名和密码，可以限制只允许字母、数字和特定的符号，并且对长度进行限制。这样即使恶意用户尝试输入特殊字符，在输入验证阶段就会被拦截，无法进入 SQL 查询环节。

- 使用框架的安全机制

若依（Ruoyi）本身提供了一些安全防护机制，如 Spring Security 可以对请求进行过滤和验证，防止非法请求进入系统，从而间接防范 SQL 注入攻击。这些额外的安全措施与 MyBatis 的防 SQL 注入功能相结合，可以构建一个更加安全可靠的"社区超市"商城系统，有效保护用户数据和系统的安全稳定运行。

9.4.3 学习数据库优化

随着"社区超市"业务的发展，数据库中的数据量可能会不断增加，数据库的性能优化变得至关重要。优化数据库可以提高系统的响应速度，提升用户体验，同时降低服务器的负载。

1. 索引优化

合理创建索引可以大大提高查询效率。在"社区超市"商城系统的数据库表中，对于经常用于查询条件的字段，如商品表中的商品 ID、分类 ID，订单表中的订单编号、用户 ID 等，可以创建索引。例如，在商品表中为商品 ID 创建索引：

```sql
CREATE INDEX idx_shop_goods_goods_id ON shop_goods (goods_id);
```

需要注意的是，虽然索引可以提高查询速度，但过多的索引也会增加数据插入、更新和删除的时间，因为数据库在更新数据时，需要同时更新索引。所以要根据实际业务需求，谨慎选择需要创建索引的字段。

2. 查询优化

编写高效的 SQL 查询语句是优化数据库性能的关键。我们应该避免使用全表扫描，尽量使用索引进行查询。例如，在查询商品列表时，如果要根据商品分类查询商品，可以使用如下 SQL：

```sql
-- 优化前，可能导致全表扫描
SELECT * FROM shop_goods WHERE category_id = '某个分类ID';
-- 优化后，使用索引查询
SELECT * FROM shop_goods USE INDEX (idx_shop_goods_category_id) WHERE category_id = '某个分类ID';
```

此外，在复杂查询中，合理使用连接（JOIN）操作也很重要。可以使用连接查询代替部分子查询，并且根据数据量和查询条件选择合适的连接类型（如 INNER JOIN、LEFT JOIN 等）。

3. 数据库配置优化

根据服务器的硬件资源和业务负载，合理调整 MySQL 数据库的配置参数。例如，调整 innodb_buffer_pool_size 参数，它用于设置 InnoDB 存储引擎的缓冲池大小，缓冲池越大，可以缓存越多的数据和索引，进而减少磁盘 I/O 操作，提高数据库性能。还可以调整 max_connections 参数，控制允许同时连接到数据库的最大连接数，避免过多的连接导致服务器资源耗尽。

4. 分库分表

当数据量达到一定规模时，单库单表可能无法满足性能需求。此时可以考虑分库分表策略，将数据分散存储在多个数据库和表中。例如，按照用户 ID 对订单表进行分表，将不同用户的订单数据存储在不同的表中，这样可以降低单表的数据量，提高查询效率。分库分表可以使用中间件如 MyCat、ShardingSphere 等来实现。

第4篇
迈向高手

第 10 章
Cursor 不仅能编程

10.1 解读开源项目

通过解读开源项目，开发者能快速学习优秀代码结构、设计模式及行业最佳实践。本节以两个典型项目为例，演示如何借助 Cursor 高效解析项目逻辑，提升技术认知。

10.1.1 入门级项目：Free Python Games

1. 项目介绍

Free Python Games 是免费的开源 Python 游戏合集，是专为 Python 初学者设计的趣味编程教学项目，包含 20 多个经典小游戏，代码简洁（单个游戏的代码量小于 200 行），仅依赖 Python 标准库（Turtle 模块），零配置即可运行。

2. 源码下载

（1）访问 GitHub，搜索 "free-python-game"，如图 10-1 所示。

图 10-1

（2）进入项目主页，单击"Code"按钮，单击"Download ZIP"链接，如图 10-2 所示。

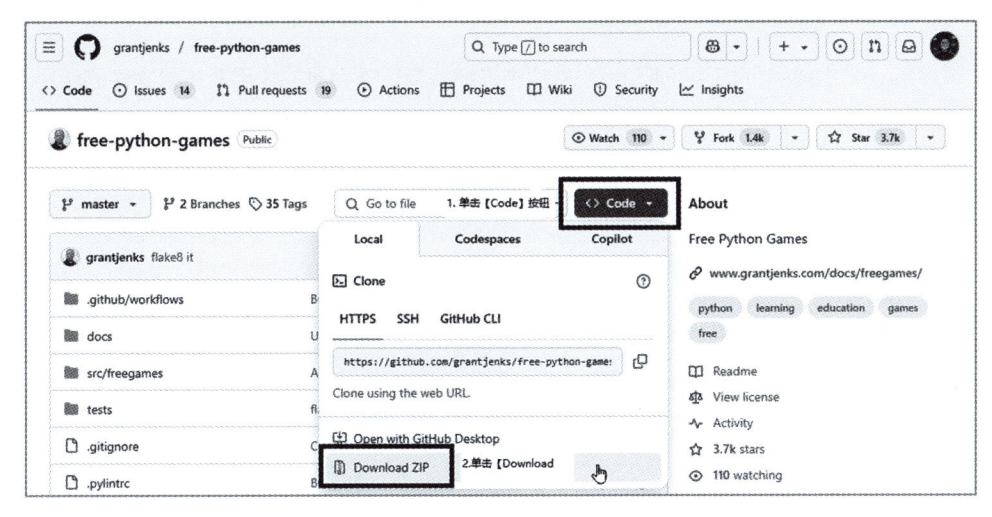

图 10-2

（3）创建目录，如 D:\code\github。

（4）将下载的代码解压到刚创建的目录中。

（5）用 Cursor 打开代码目录，如图 10-3 所示。

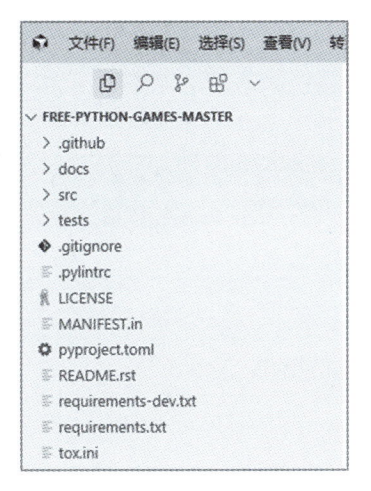

图 10-3

3. 详解目录结构，快速熟悉项目

直接让 Cursor 生成"README.md"文件，文件需要包含目录结构说明。

> **向 Cursor 提问**
> 生成 README.md 项目说明文件，需要包含目录和主要文件的作用说明。

Cursor 生成的"README.md"文件中详细解释了各目录的作用及主要文件的作用：

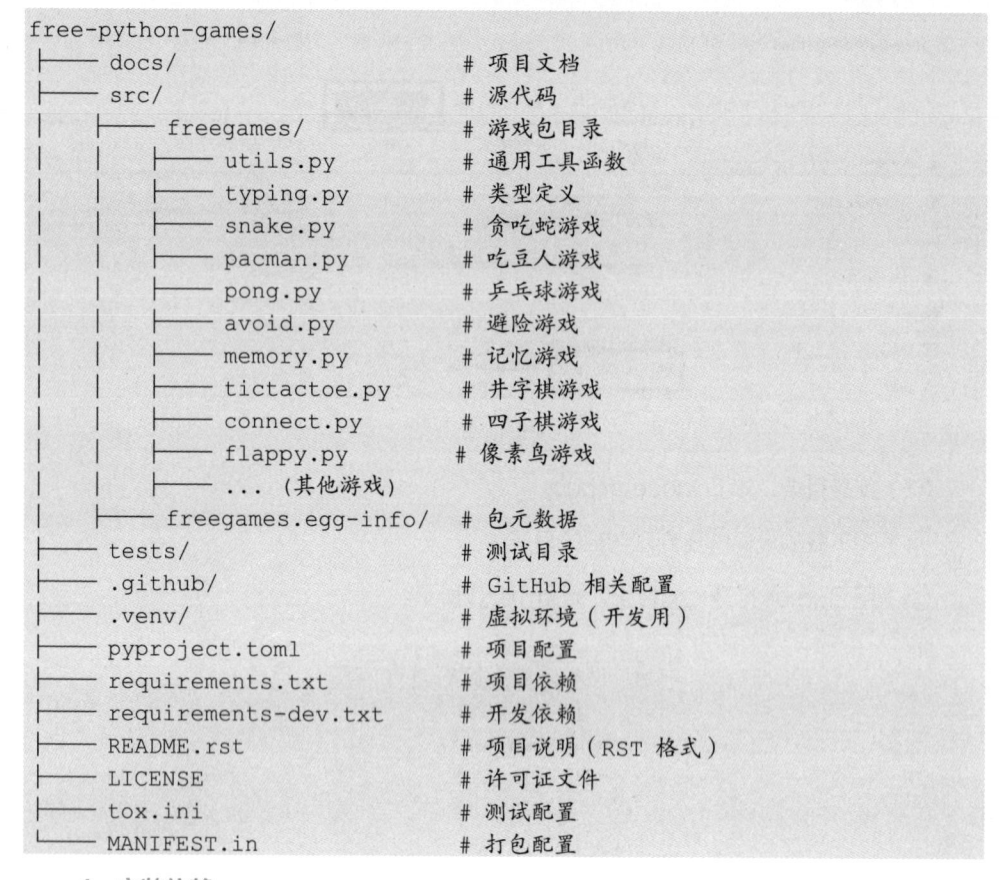

```
free-python-games/
├── docs/                      # 项目文档
├── src/                       # 源代码
│   ├── freegames/             # 游戏包目录
│   │   ├── utils.py           # 通用工具函数
│   │   ├── typing.py          # 类型定义
│   │   ├── snake.py           # 贪吃蛇游戏
│   │   ├── pacman.py          # 吃豆人游戏
│   │   ├── pong.py            # 乒乓球游戏
│   │   ├── avoid.py           # 避险游戏
│   │   ├── memory.py          # 记忆游戏
│   │   ├── tictactoe.py       # 井字棋游戏
│   │   ├── connect.py         # 四子棋游戏
│   │   ├── flappy.py          # 像素鸟游戏
│   │   └── ...（其他游戏）
│   └── freegames.egg-info/    # 包元数据
├── tests/                     # 测试目录
├── .github/                   # GitHub 相关配置
├── .venv/                     # 虚拟环境（开发用）
├── pyproject.toml             # 项目配置
├── requirements.txt           # 项目依赖
├── requirements-dev.txt       # 开发依赖
├── README.rst                 # 项目说明（RST 格式）
├── LICENSE                    # 许可证文件
├── tox.ini                    # 测试配置
└── MANIFEST.in                # 打包配置
```

4. 安装依赖

打开终端，执行以下命令：

```
pip install -r requirements-dev.txt
```

5. 运行一个小游戏

（1）打开"src/freegames"目录，可以看到很多游戏源码。

（2）打开终端，输入以下命令，运行"avoid"游戏：

```
python -m freegames.avoid
```

游戏界面如图 10-4 所示。

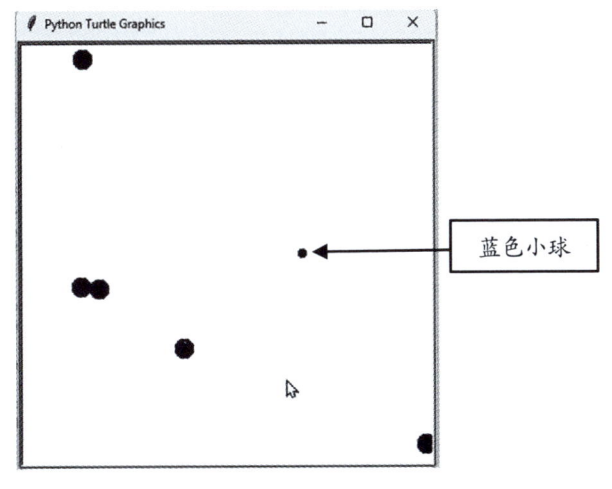

图中标注：蓝色小球

图 10-4

（3）用键盘上的方向键来控制蓝色小球的运动，并躲避黑色小球。

6. 源码深度解读

在 Cursor 对话框中输入以下提示词：

> **？向 Cursor 提问**
>
> 阅读这个项目，给我介绍一下整个项目。

Cursor 阅读整个项目后，分析出了以下结果。

Free Python Games 是一个开源项目，提供了一系列用 Python 编写的简单游戏，主要用于教育和娱乐。这个项目使用 Apache 2.0 许可证，允许用户自由使用、修改和分享这些游戏。

- 项目特点

教育性：这些游戏设计简单，代码清晰，非常适合编程初学者学习和实验。

纯 Python 实现：所有游戏仅使用 Python 标准库，尤其是 Turtle 模块，无须安装额外依赖。

易于修改：每个游戏都提供了练习题，鼓励用户修改和扩展游戏功能。

跨平台：可以在任何能运行 Python 的环境中使用，包括 Windows、macOS、Linux 和树莓派等。

完整的文档：提供了详细的文档和测试说明。

- 项目结构

项目的主要代码位于 src/freegames 目录下，包含以下内容：

游戏文件：每个.py 文件代表一个独立的游戏，如 snake.py、pacman.py、pong.py 等。

工具模块：utils.py 提供了游戏开发所需的通用功能，如向量运算、绘图等。

入口文件：__main__.py 实现了命令行接口，允许用户列出、运行、查看和复制游戏。

- 核心工具

项目的 utils.py 文件提供了几个关键工具：

vector 类：一个二维向量类，支持基本的向量运算（加、减、乘、除）和变换（旋转等）。

square 函数：绘制方形的辅助函数。

line 函数：绘制线段的辅助函数。

floor 函数：处理网格坐标的函数。

path 函数：获取资源文件路径的辅助函数。

- 游戏示例

项目包含多种经典游戏的简化版本，例如：

Snake（贪吃蛇）：玩家控制一条蛇吃食物并成长，避免撞到墙壁或自身。

Pacman（吃豆人）：玩家在迷宫中收集豆子，同时避开幽灵。

Pong（乒乓球）：经典的双人对战游戏，玩家控制挡板击球。

Memory（记忆游戏）：找出配对的数字。

Tic Tac Toe（井字棋）：经典的 X 和 O 对战游戏。

Connect（四子棋）：玩家轮流放置棋子，谁先连成四个棋子谁就获胜。

Flappy（像素鸟）：类似 Flappy Bird 的游戏，点击屏幕让鸟飞起来，避开障碍物。

还有更多其他游戏，总计 20 余种。

继续让 Cursor 解读 avoid 这个小游戏：

第 10 章　Cursor 不仅能编程 | 173

> **? 向 Cursor 提问**
>
> 帮我分析 avoid 这个小游戏的源码，并解释工作原理。

> **A Cursor 的回复**
>
> 游戏概述
>
> "avoid" 是一个简单的街机风格游戏，玩家需要控制一个小点（player）在屏幕上移动，同时避开随机生成的炸弹（bombs）。如果玩家碰到炸弹或者移出屏幕边界，游戏就会结束。
>
> ……
>
> （内容过长，部分内容省略）。

Cursor 对这个游戏的每行代码都进行了解释，并且详细讲解了主循环、游戏机制、控制方法、工作原理。

- 核心组件和变量

方向向量：

```
north, south = vector(0, 4), vector(0, -4) # 定义了四个基本移动方向：北(上)、南(下)、东(右)、西(左)
east, west = vector(4, 0), vector(-4, 0) # 每个方向都是一个速度为 4 个单位的向量
options = north, south, east, west # options 列表包含所有可能的移动方向
```

游戏对象：

```
player = vector(0, 0)  # 玩家位置，初始位置是中心点
aim = choice(options).copy()   # 玩家移动方向，随机初始化
bombs = []  # 存储炸弹位置的列表
speeds = []   # 存储炸弹移动速度的列表
```

- 主要函数

inside(point) 函数，判断点是否在屏幕范围内：

```
def inside(point):
    """Return True if point on screen."""
    #检查传入的坐标点是否在 -200 到 200 的范围内（屏幕边界）
    return -200 < point.x < 200 and -200 < point.y < 200
```

draw(alive) 函数，绘制游戏画面：

```
def draw(alive):
    """Draw screen objects."""
```

```
clear()  # 清空屏幕，重新绘制所有元素
goto(player.x, player.y)
color = 'blue' if alive else 'red'  # 玩家存活时为蓝色，死亡时为红色
dot(10, color)  # 绘制玩家点
for bomb in bombs:
    goto(bomb.x, bomb.y)
        dot(20, 'black')  # 绘制炸弹，炸弹为黑色，大小为20个单位
    update()
```

move()函数，游戏主循环，更新所有游戏对象位置：

```
def move():
    """Update player and bomb positions."""
    player.move(aim)  # 更新玩家位置

    for bomb, speed in zip(bombs, speeds):
        bomb.move(speed)  # 更新每个炸弹的位置

    # 随机生成新炸弹（10%概率）
    if randrange(10) == 0:
        speed = choice(options).copy()
        offset = randrange(-199, 200)

        # 根据移动方向决定炸弹初始位置
        if speed == north:
            bomb = vector(offset, -199)  # 从底部生成向上移动的炸弹
        if speed == south:
            bomb = vector(offset, 199)   # 从顶部生成向下移动的炸弹
        if speed == east:
            bomb = vector(-199, offset)  # 从左侧生成向右移动的炸弹
        if speed == west:
            bomb = vector(199, offset)   # 从右侧生成向左移动的炸弹

        bombs.append(bomb)
        speeds.append(speed)

    # 删除已经离开屏幕的炸弹
    for index in reversed(range(len(bombs))):
        bomb = bombs[index]
        if not inside(bomb):
            del bombs[index]
            del speeds[index]

    # 检查玩家是否在屏幕内
    if not inside(player):
        draw(False)
```

```
        return

    # 检查玩家是否碰到炸弹
    for bomb in bombs:
        if abs(bomb - player) < 15:    # 碰撞检测
            draw(False)
            return

    # 继续游戏
    draw(True)
    ontimer(move, 50)    # 50 毫秒后再次调用 move() 函数
```

开发者如果想修改游戏，可以根据 Cursor 的解释，自行找到对应代码进行修改。当然也可以直接让 Cursor 来修改。

10.1.2　进阶级项目：FastAPI

1. 详解目录结构，快速熟悉项目

FastAPI 是一个现代、快速、高性能的 Web 框架，按上一节的步骤下载 FastAPI 源代码，再让 Cursor 来介绍 FastAPI 项目目录结构。因为项目中已经有一个英文的"README.md"文件，所以此处增加"README.zh.md"文件来生成目录说明。

> **? 向 Cursor 提问**
>
> 生成 README.zh.md 项目说明文件，需要包含目录和主要文件的作用说明。

Cursor 生成的"README.zh.md"文件中详细解释了各目录的作用及主要文件的作用：

```
fastapi/
├── fastapi/                    # 核心源代码
│   ├── applications.py         # FastAPI 主应用程序类
│   ├── background.py           # 后端任务处理
│   ├── concurrency.py          # 处理并发请求
│   ├── datastructures.py       # 数据结构定义
│   ├── dependencies/           # 依赖注入系统
│   ├── encoders.py             # 数据编码处理
│   ├── exceptions.py           # 异常类定义
│   ├── middleware/             # 中间件组件
│   ├── openapi/                # OpenAPI/Swagger 集成
│   ├── param_functions.py      # 参数处理函数
│   ├── params.py               # 参数处理类
│   ├── requests.py             # 请求相关功能
│   ├── responses.py            # 响应相关功能
```

```
│   ├── routing.py                # 路由处理
│   ├── security/                 # 安全和认证组件
│   ├── staticfiles.py            # 静态文件处理
│   ├── templating.py             # 模板处理
│   ├── testclient.py             # 测试客户端
│   ├── types.py                  # 类型定义
│   ├── utils.py                  # 实用工具函数
│   └── websockets.py             # WebSocket 支持
├── docs_src/                     # 文件源码和示例
│   ├── first_steps/              # 入门示例
│   ├── body/                     # 请求体示例
│   ├── dependencies/             # 依赖注入示例
│   ├── security/                 # 安全认证示例
│   └── ...                       # 其他功能示例
├── docs/                         # 生成的文件
├── requirements/                 # 依赖需求文件
│   ├── requirements.txt
├── scripts/                      # 项目脚本
├── pyproject.toml                # 项目配置
└── README.md                     # 英文说明文件
```

2. 主要功能

> **向 Cursor 提问**
>
> 这个框架的主要功能有哪些？

FastAPI 的功能如下：

```
路径操作装饰器
请求参数处理：
    路径参数（Path Parameters）
    查询参数（Query Parameters）
    表单数据（Form Data）
    请求体（Request Body）
    文件上传（File Uploads）
数据验证：通过 Pydantic 模型自动验证请求和响应数据
依赖注入系统：简化代码组织结构和重用方法
安全性：内置支持 OAuth2、JWT、HTTP 基本认证和 API 密钥
WebSockets 支持：提供 WebSocket 连接支持
后端任务：可以在返回响应后运行后端任务
中间件：支持添加自定义中间件
```

3. 工作原理

> **？向 Cursor 提问**
>
> FastAPI 的工作原理是什么？

Cursor 的解析如下。

- ASGI 基础架构

> FastAPI 建立在 ASGI（异步服务器网关接口）之上，这是 Python 的一个标准，允许异步 Web 服务器与框架之间的通信：
> 异步处理：支持并发请求处理，无须使用线程池。
> 基于事件：处理 HTTP 请求的生命周期事件。
> 高效：能够处理大量并发连接，特别适合长连接场景（如 WebSocket）。
> 实际上，FastAPI 通过继承 Starlette（一个轻量级 ASGI 框架）来实现其核心功能。

- 请求生命周期

> 当请求到达 FastAPI 应用时，以下是处理流程：
> （1）接收请求：ASGI 服务器（如 Uvicorn）接收 HTTP 请求。
> （2）路由匹配：根据 URL 路径和 HTTP 方法找到匹配的路由处理器。
> （3）依赖解析：解析和执行请求处理函数所需的依赖项。
> （4）参数提取和验证：
> 　　从路径、查询参数、请求体等提取数据。
> 　　使用 Pydantic 进行数据验证和类型转换。
> （5）执行处理函数：运行对应的业务逻辑。
> （6）响应生成：将返回值转换为 HTTP 响应。
> （7）中间件处理：应用所有配置的中间件。
> （8）发送响应：将最终响应发送回客户端。

通过解读真实项目，开发者能在实践中掌握代码阅读技巧，理解行业级项目的架构设计思路，为独立开发复杂应用奠定基础。

10.2 处理数据

数据处理是日常办公中的高频需求，Cursor 能高效地辅助用户进行数据清洗、格式化及分析，大幅提升工作效率。以下通过典型实际场景演示如何利用 Cursor 完成数据处理任务。

10.2.1 案例：处理电商订单数据

实际场景中，数据常存在格式不统一、缺失值、类型错误等问题。借助 Cursor 可快速清洗和标准化数据。

有一份"orders.csv"订单数据,存在缺失值、日期格式混乱、金额单位不一致等问题。文件内容如下:

```
订单号,用户ID,商品名称,类别,价格,数量,订单日期,地址
1001,10001,笔记本电脑,电子产品,¥5999,10,2023-10-05,北京市朝阳区
1002,,无线鼠标,电子产品,$39.9,5,2023-13-32,
1003,10002,连衣裙,服饰,299,,"2023年5月15日",上海市浦东新区
1004,10003,运动鞋,服饰,¥899,8,2023-08-10,广东省广州市
1005,10004,机械键盘,电子产品,¥699,3,2023-09-20,浙江省杭州市
1006,10005,保温杯,生活用品,$45,15,2024-02-30,
1007,10006,羽绒服,服饰,599元,2,2023-11-08,江苏省苏州市
1008,10007,台灯,生活用品,¥79.9,12,2023-04-31,四川省成都市
1009,10008,篮球,运动器材,199,6,2023-07-15,
1010,10009,烤箱,厨房电器,¥399,4,2023-12-32,湖北省武汉市
```

先让 Cursor 来检查这份数据的问题:

❓ 向 Cursor 提问

@orders.csv 这份数据有哪些问题?

🅐 Cursor 的回复

我检查了 orders.csv 文件,发现以下几个问题:
1. 日期格式不统一:
   - 部分日期使用标准格式 (2023-10-05)
   - 有的使用中文格式 ("2023年5月15日")
   - 有非法日期 (2023-13-32, 2023-04-31, 2024-02-30, 2023-12-32)
2. 价格格式不统一:
   - 有的使用人民币符号 (¥5999)
   - 有的使用美元符号 ($39.9)
   - 有的直接是数字 (299)
   - 有的包含单位 (599元)
3. 缺失数据:
   - 1002 行缺少用户 ID
   - 1003 行缺少数量
   - 多行缺少地址信息 (1002、1006、1009)
4. 地址格式不统一,有的详细、有的简略。

这些问题会影响数据分析和处理,需要进行数据清洗和标准化。

继续让 Cursor 来处理数据：

> **❓ 向 Cursor 提问**
>
> 帮我清洗和标准化这份数据，生成一个新的文件来存储新数据。

Cursor 处理之后的数据如下：

```
订单号,用户ID,商品名称,类别,价格(元),数量,订单日期,地址
1001,10001,笔记本电脑,电子产品,5999.00,10,2023-10-05,北京市朝阳区
1002,未知,无线鼠标,电子产品,287.28,5,未知,未知
1003,10002,连衣裙,服饰,299.00,0,2023-05-15,上海市浦东新区
1004,10003,运动鞋,服饰,899.00,8,2023-08-10,广东省广州市
1005,10004,机械键盘,电子产品,699.00,3,2023-09-20,浙江省杭州市
1006,10005,保温杯,生活用品,324.00,15,未知,未知
1007,10006,羽绒服,服饰,599.00,2,2023-11-08,江苏省苏州市
1008,10007,台灯,生活用品,79.90,12,未知,四川省成都市
1009,10008,篮球,运动器材,199.00,6,2023-07-15,未知
1010,10009,烤箱,厨房电器,2872.80,4,未知,湖北省武汉市
```

数据处理的主要内容包括：

- 价格统一为人民币单位"元"，保留两位小数。
- 日期格式统一为 YYYY-MM-DD。
- 无效或缺失数据使用"未知"标记。
- 美元按 1:7.2 的汇率转换为人民币。

10.2.2 案例：销售数据统计分析

以"社区超市"商城系统销售数据为例，演示如何通过 Cursor 快速生成统计代码并解读分析结果。"社区超市"商城系统商品销售记录数据如下：

```
订单ID,产品名称,类别,销售日期,数量,单价,销售额
1001,无线耳机,电子产品,2024-01-05,15,299,4485
1002,纯棉T恤,服饰,2024-01-03,20,59,1180
1003,蓝牙音箱,电子产品,2024-01-07,12,199,2388
1004,运动鞋,服饰,2024-01-02,8,199,1592
1005,智能手表,电子产品,2024-01-06,10,599,5990
1006,连衣裙,服饰,2024-01-04,14,89,1246
1007,机械键盘,电子产品,2024-01-08,6,399,2394
1008,保温杯,生活用品,2024-01-01,25,35,875
1009,床上四件套,生活用品,2024-01-09,18,99,1782
1010,沐浴露,生活用品,2024-01-10,30,25,750
```

1. 基础统计分析

> **? 向 Cursor 提问**
>
> @sales.csv 是一份销售记录表,请从多维度进行统计分析。

Cursor 从以下五个维度进行统计分析:

- 类别销售统计

> 电子产品:总销售额 15,257 元,销售 43 件,平均单价 354.8 元
> 服饰:总销售额 4,018 元,销售 42 件,平均单价 95.7 元
> 生活用品:总销售额 3,407 元,销售 73 件,平均单价 46.7 元

- 销售金额排名

> 智能手表:5,990 元
> 无线耳机:4,485 元
> 蓝牙音箱:2,388 元
> 机械键盘:2,394 元
> 床上四件套:1,782 元

- 销售数量排名

> 沐浴露:30 件
> 保温杯:25 件
> 纯棉 T 恤:20 件
> 床上四件套:18 件
> 无线耳机:15 件

- 时间维度分析

> 销售额最高的日期:1 月 6 日(5,990 元)
> 销售数量最多的日期:1 月 10 日(30 件)

- 其他发现

> 平均订单金额:2,268.2 元
> 电子产品虽然数量较少,但贡献了最高销售额
> 生活用品销售数量最多,但单价较低

2. 生成图表

> **? 向 Cursor 提问**
>
> 按日期统计销售额,并生成销售统计图。

因为 Cursor 并不能直接生成图片,所以 Cursor 先生成了一个 Python 脚本,然后自动运行该脚本得到了销售额日期趋势图(如图 10-5 所示)和销售额 Top5 产品图(如

图 10-6 所示)。

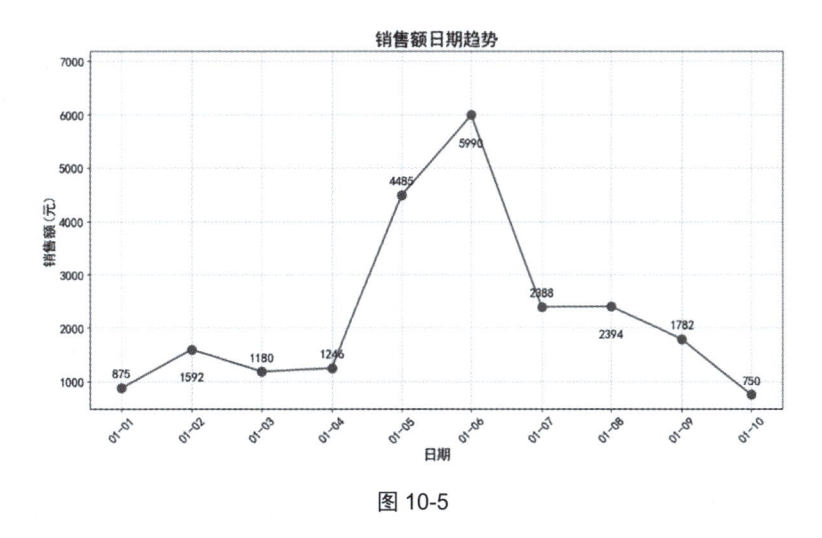

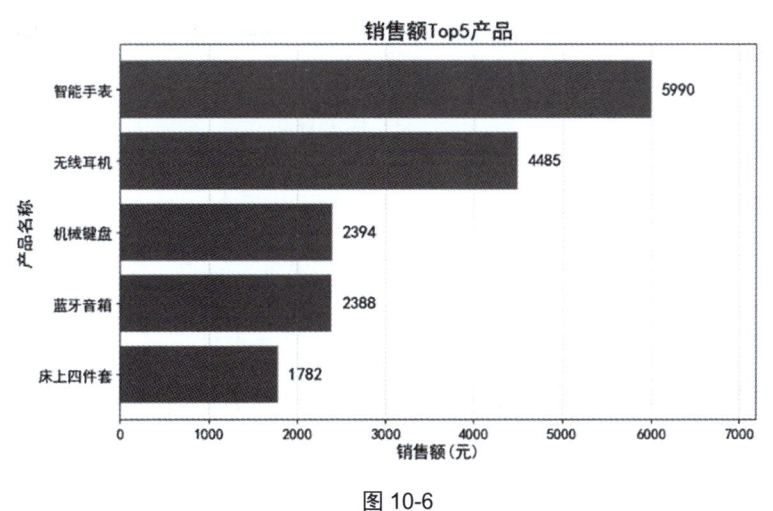

图 10-5

图 10-6

10.3 写作

在内容创作领域,无论是撰写博客文章、产品文案,还是技术文档,Cursor 都能成为创作者的得力助手。它可以快速生成结构化的写作素材,适配不同平台的需求。以下以"Cursor 介绍"为例,展示如何利用 Cursor 完成从选题到排版的全流程。

10.3.1 生成标题

影响标题的核心要素有：

- 平台：不同的平台有不同的用户群体和阅读习惯。
- 主题：标题的核心。
- 关键词：文章需要强调的内容。

Cursor 提示词必须包含以上三大要素，参考以下提示词：

> **❓ 向 Cursor 提问**
>
> 生成 3 个适合公众号的 Cursor 介绍文章标题，要求包含"高效""编程利器"关键词，风格专业且有吸引力。

> **Ⓐ Cursor 的回复**
>
> 以下是 3 个适合公众号的 Cursor 介绍文章标题：
> 1. 《Cursor：程序员的高效编程利器，AI 辅助开发提速 50%》
> 2. 《代码编写新时代：Cursor 如何成为开发者的高效编程利器》
> 3. 《告别烦琐开发：Cursor 这款编程利器如何让你的工作效率翻倍》

如果对标题不满意，可以重新生成，标题可以从以下方面优化：

- 数据强化：加入"效率提升 50%""代码错误减少 30%"等量化指标。
- 场景化：结合使用场景，如"团队协作""快速开发原型"。
- 情感共鸣：针对痛点，如"告别代码报错""拒绝重复劳动"。

> **提示** 标题和文章内的量化指标必须有准确、可靠的数据来源。

这里选择第 3 个标题《告别烦琐开发：Cursor 这款编程利器如何让你的工作效率翻倍》。

10.3.2 生成和迭代大纲

1. 生成基础大纲

> **❓ 向 Cursor 提问**
>
> 基于标题《告别烦琐开发：Cursor 这款编程利器如何让你的工作效率翻倍》，生成文章大纲，包含 Cursor 的主要功能、优势、使用案例等内容。

生成一个 markdown 文件来保存大纲。

Cursor 生成大纲文件"cursor_article_outline.md",如图 10-7 所示。

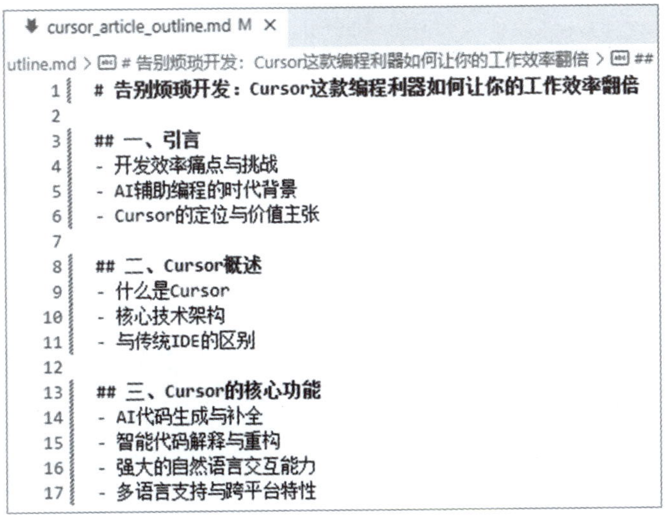

图 10-7

提示 这里一定要让 Cursor 生成文件来保存大纲,否则随着对话增加,Cursor 会忘记大纲,生成的内容容易混乱。

2. 迭代优化大纲

大纲可以从以下几个方面优化:

- 细化需求:补充/删除"代码安全检测""跨语言支持"等子模块。
- 用户视角:"面向无基础人员""面向小学生""口语化""专业化"。
- 数据支撑:补充"不同功能使用频率"统计数据。

继续让 Cursor 修改大纲:

? 向 Cursor 提问

@cursor_article_outline.md 使用更口语化的表达方式修改大纲。

10.3.3 生成内容

1. 生成基础正文

根据大纲内容生成正文:

> ❓ 向 Cursor 提问
>
> 根据修改后的大纲 @cursor_article_outline.md，生成 HTML 格式的正文，并下载无版权问题的图片作为配图，适合新手阅读。

Cursor 生成了 HTML 格式的文章，包含了完整的内容结构，使用了 Pexels 的免费图片作为配图，页面效果如图 10-8 和图 10-9 所示。

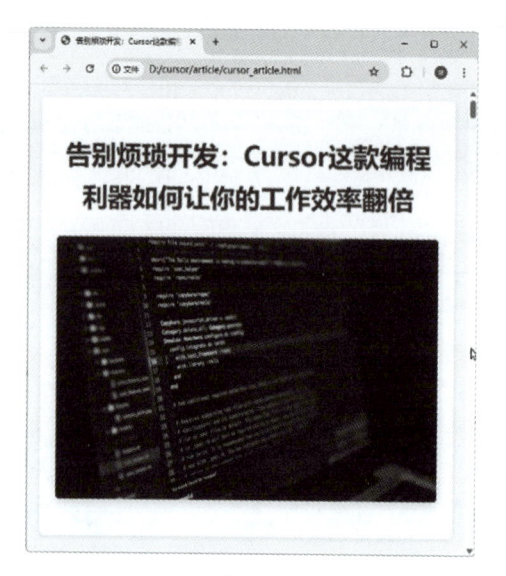

图 10-8

图 10-9

2. 技术细节展开

第一次生成的基础内容都比较"粗"，重点内容还需要进一步细化。

> ❓ 向 Cursor 提问
>
> 详细解释 Cursor 的"自然语言转代码"功能，包含技术原理、使用场景、代码示例（以生成 Excel 数据清洗脚本为例）。

3. 优化配图

前面文章中的配图都是从无版权问题的素材库下载的图片，与文章内容并不一定贴切。可以通过以下方法优化：

- 手动截图

例如软件界面图，只需要打开软件截图即可。

- 用即梦 AI 生成图片

让 Cursor 生成用于生成图片的提示词，将提示词粘贴到即梦 AI 中生成图片。

- 用 Cursor 生成可视化数据图表

如果写作内容涉及数据和统计信息，可以参考上一节的内容，生成可视化图表。

4. 润色

正文局部可以从以下三方面进行润色：

- 口语化/专业化转换：在提示词中添加"用轻松易懂的语言,适合新手阅读"或"用专业化的解释说明"。
- 专业术语解释：要求 Cursor 对"ASGI 架构""依赖注入"等技术词添加通俗说明。
- 案例具象化：补充"学生用 Cursor 完成课程作业""工程师加速项目迭代"等真实场景。

第 11 章

MCP——AI 时代的万物互联

11.1 了解 MCP 的概念和优势

MCP（Model Context Protocol，模型上下文协议）是由 Anthropic 公司在 2024 年 11 月底推出的一种开放标准，主要作用是规范应用程序为大语言模型（LLM）提供上下文的方式。它就像是 AI 应用领域的 USB-C 接口，如同 USB-C 为设备与各种周边配件连接提供标准化方式一样，如图 11-1 所示，MCP 为 AI 时代万物互联提供了基础。

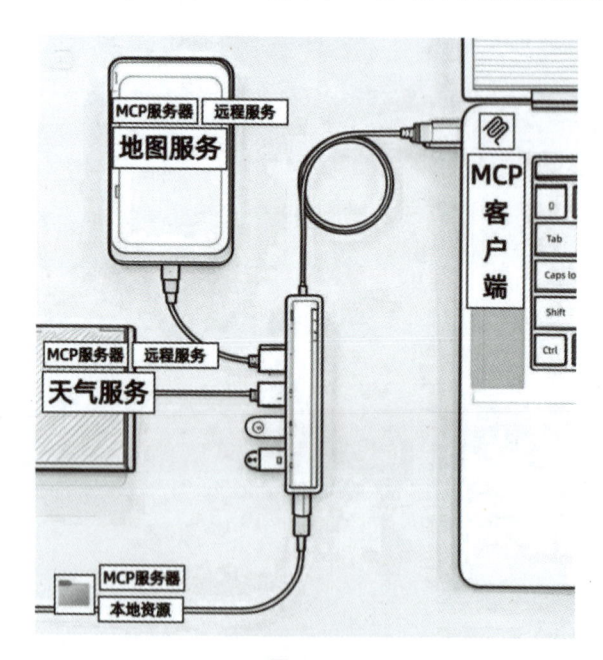

图 11-1

在实际开发场景中，大语言模型要想发挥更大的价值，往往需要接入各种数据和工具。MCP 的出现，使得这个接入过程变得规范、便捷。开发者无须为不同的模型和数据工具组合编写复杂且差异较大的连接代码，只需要遵循 MCP 的规范，就能轻松实现连接，大大提高了开发效率。

下面介绍 MCP 的三大优势。

11.1.1 优势一：丰富的生态体系

1. 多语言支持的开发工具库

MCP 官方提供了多种开发语言的 SDK，包括 Python、TypeScript、Java、Kotlin、C#。同时提供了丰富的示例工具，涵盖了数据处理、内容生成、消息调度、系统控制等多个典型场景。开发者无须从零开始开发各种功能模块，就能快速让模型获得如访问特定数据库、调用专业工具等能力，极大地简化了开发流程。

2. 多个资源平台提供海量工具

MCP 生态已经有很多资源平台为开发者提供即开即用的 MCP 服务器或 MCP 客户端。主流的平台有：

- Awesome MCP：GitHub 上最受欢迎的 MCP 服务器集合项目之一。类目清晰，且支持中文。
- Smithery：支持一键导入 MCP 服务器。允许用户上传托管自己的 MCP 服务器。
- MCP SO：不仅有 MCP 服务器，还有 MCP 客户端。

11.1.2 优势二：可以灵活切换模型供应商

在使用大语言模型的过程中，开发者可能会因为各种原因（如成本、性能、功能需求变化等）需要更换模型供应商。MCP 赋予了开发者这种灵活性，使得在不同模型供应商和产品之间切换变得轻松。

以一个智能客服系统为例：

- 初期，使用某个供应商的模型进行开发。
- 随着业务发展，发现另一个供应商的模型在多语言支持方面表现更优。通过 MCP，开发者能够便捷地切换模型，无须对整个系统架构进行大规模改动，降低了开发成本和风险。

11.1.3 优势三：可以保障数据安全

数据安全在开发过程中至关重要。MCP 提供了保障数据安全的最佳实践方法，帮助开发者在自身的基础设施内保护数据。

无论是本地数据还是通过网络传输的远程服务数据，MCP 都能确保数据在传输和使用过程中的安全性。例如，在处理敏感的用户信息或商业数据时，MCP 可以通过加密、访问控制等手段，防止数据泄露和非法访问，为应用的稳定运行和用户信任提供坚实保障。

11.2　MCP 工作原理

11.2.1　一张图看懂 MCP 的架构

MCP 的核心遵循客户端–服务器架构，通过标准化协议实现大语言模型与外部工具的高效交互，其核心架构如图 11-2 所示。

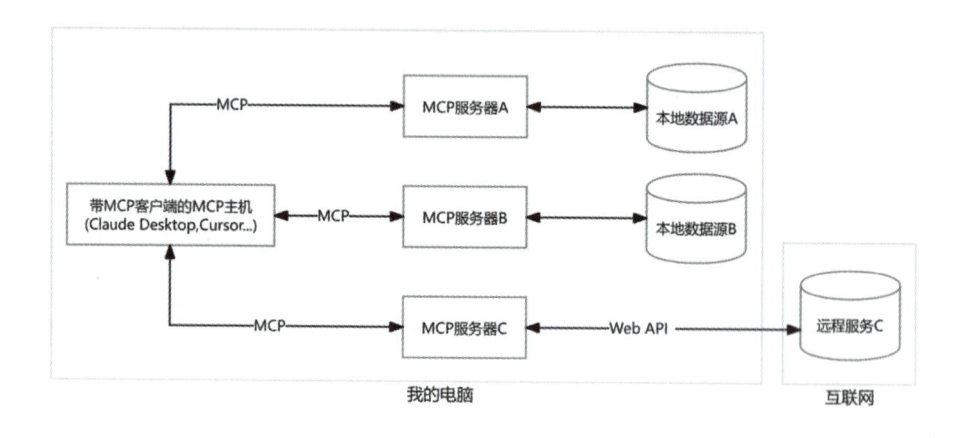

图 11-2

该架构将复杂的功能拆解为五个清晰的功能单元。

1. MCP 宿主（MCP Host）

想要通过 MCP 访问数据的应用程序（例如 Cursor、Claude Desktop、Cline 这样的应用程序）就是 MCP 宿主。例如，在使用 Cursor 生成文档时，MCP 宿主可以借助 MCP 从不同的数据源获取信息，丰富创作内容。

2. MCP 客户端（MCP Client）

MCP 客户端负责与服务器维持 1:1 的连接。它就像一个桥梁的一端，稳定地连接着宿主和服务器，确保数据和指令能够准确、高效地在两者之间传输。每个客户端都与特定的服务器建立连接，以实现特定功能的交互。

3. MCP 服务器（MCP Server）

MCP 服务器通过标准化的模型上下文协议暴露特定功能。它们就像功能库，每个 MCP 服务器专注于提供一种或多种特定功能，例如有的 MCP 服务器负责连接本地数据库，有的 MCP 服务器用于调用远程的图像识别服务。这些 MCP 服务器通过 MCP 的规范接口，为宿主和大语言模型提供支持。

4. 本地数据源（Local Data Source）

本地数据源包括计算机中的文件、数据库以及本地运行的服务等。MCP 服务器可以安全地访问这些本地资源，使得大语言模型能够利用本地存储的数据进行学习和处理任务。例如，开发者在本地保存了大量的业务数据，通过 MCP 服务器，这些数据可以被大语言模型用于分析和生成相关报告。

5. 远程服务（Remote Service）

远程服务是指通过互联网提供的外部服务，可以通过 Web API 访问远程服务。MCP 服务器能够连接这些远程服务，扩展大语言模型的能力范围。例如，连接到在线地图服务 API，使模型可以获取实时的地理位置信息，并在应用中实现位置相关的功能。

11.2.2 大模型与 MCP 服务器之间的工作流程

大模型与 MCP 服务器之间的工作流程如图 11-3 所示。

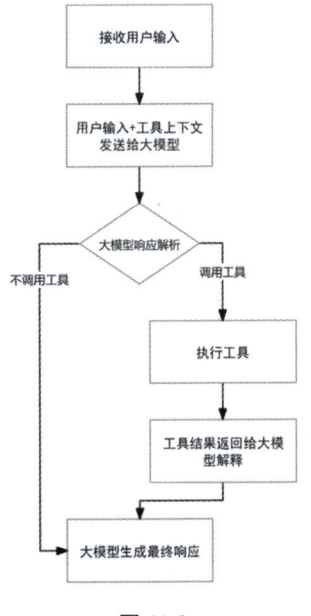

图 11-3

当用户提出一个问题或要求时，会经历以下步骤：

（1）MCP 宿主（Claude Desktop 或 Cursor）接收用户输入的提示词。

（2）MCP 宿主将用户输入的提示词和工具上下文一起发送给大模型。

（3）大模型分析可用的工具，并决定使用哪一个（或多个）。

（4）MCP 客户端调用 MCP 服务器执行所选的工具。

（5）将工具的执行结果返回给大模型。

（6）大模型结合执行结果生成最终的响应，呈现给用户。

11.3 快速上手：MCP 服务器的安装与实战

前面介绍了 MCP 的优势，本节将介绍如何安装和使用 MCP 服务器。

11.3.1 一站式安装 MCP 服务器：以 Smithery 平台为例

Smithery 作为主流的 MCP 资源平台之一，提供了标准化的安装流程。下面以安装文件管理服务器"Desktop Commander"为例：

（1）打开 Smithery 官网，单击"Desktop Commander"链接，如图 11-4 所示。

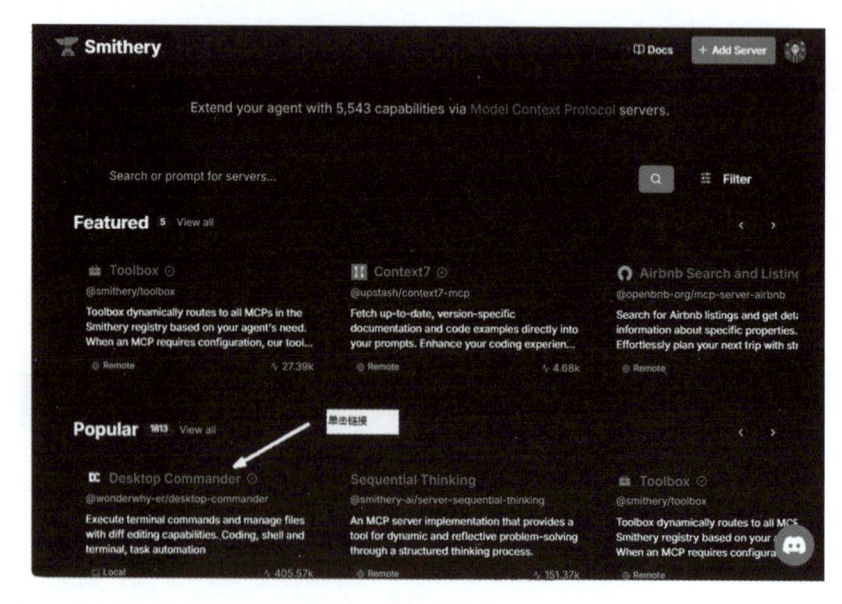

图 11-4

（2）进入 Desktop Commander 主页，单击右上角的"Install"按钮，如图 11-5 所示。

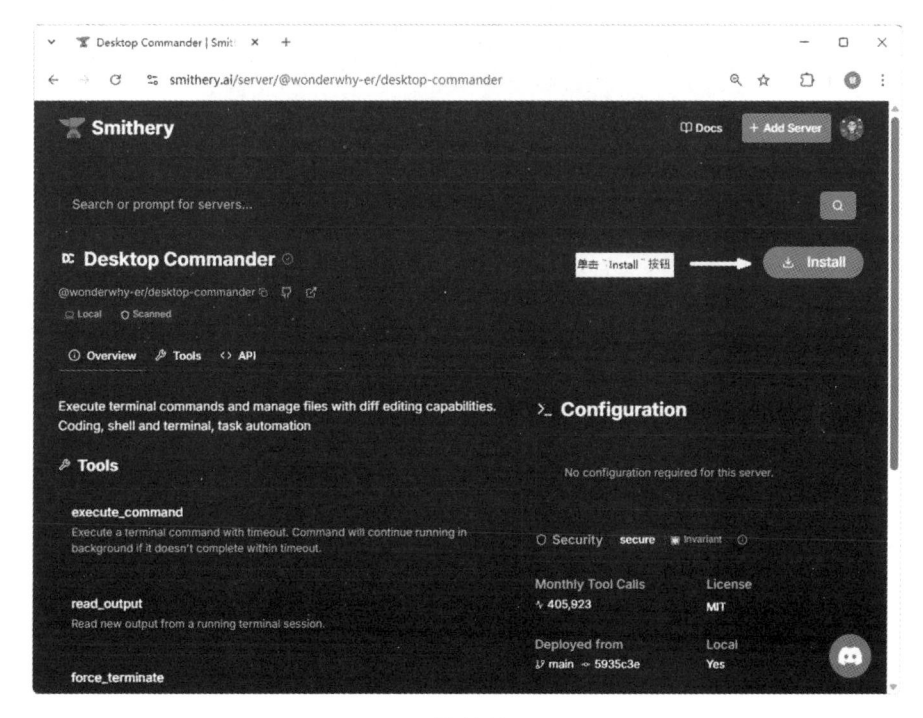

图 11-5

（3）在弹出框中选择"Cursor"，如图 11-6 所示。

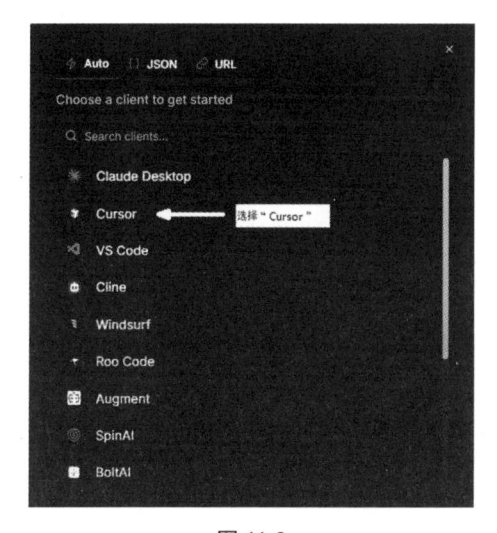

图 11-6

（4）单击"Copy"按钮复制命令，如图 11-7 所示。

图 11-7

（5）在 Cursor 中打开一个终端窗口，粘贴刚刚复制的命令，如图 11-8 所示。

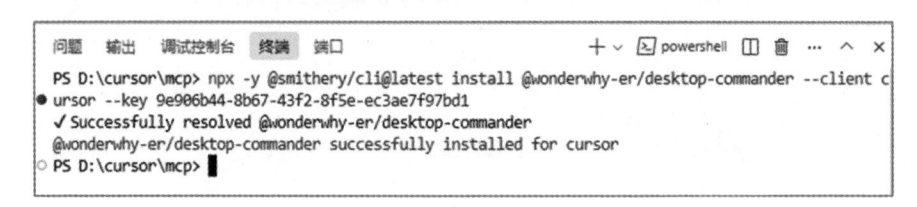

图 11-8

（6）Cursor 设置页面中的 MCP 页如图 11-9 所示，可以看到已经安装的 MCP 服务器。

图 11-9

> **提示** 绿色小圆点代表状态正常，如看到黄色小圆点，则稍等一会儿即可。

11.3.2 案例：生成目录报告

Desktop Commander MCP 服务器是一个强大的文件和命令管理工具，提供了多种功能。以下是主要功能。

1. 文件操作

- 读取文件：read_file。
- 写入文件：write_file。
- 编辑文件内容：edit_block。
- 创建目录：create_directory。
- 列出目录内容：list_directory。
- 移动/重命名文件：move_file。
- 搜索文件：search_files。

2. 代码搜索

使用 search_code 在代码中搜索特定内容。

3. 命令执行

- 执行终端命令：execute_command。
- 管理进程：list_processes、kill_process。
- 管理终端会话：list_sessions、read_output、force_terminate。

下面使用 Desktop Commander 来管理本地文件。

（1）在 Cursor 对话框中输入管理文件相关的提示词，例如：

> **？向 Cursor 提问**
>
> 查看 D:\cursor 目录下的子目录分别是什么内容？将结果写在当前目录的 README.md 文档中。

（2）运行过程如图 11-10 所示。

图 11-10

（3）生成的"README.md"如图 11-11 所示。

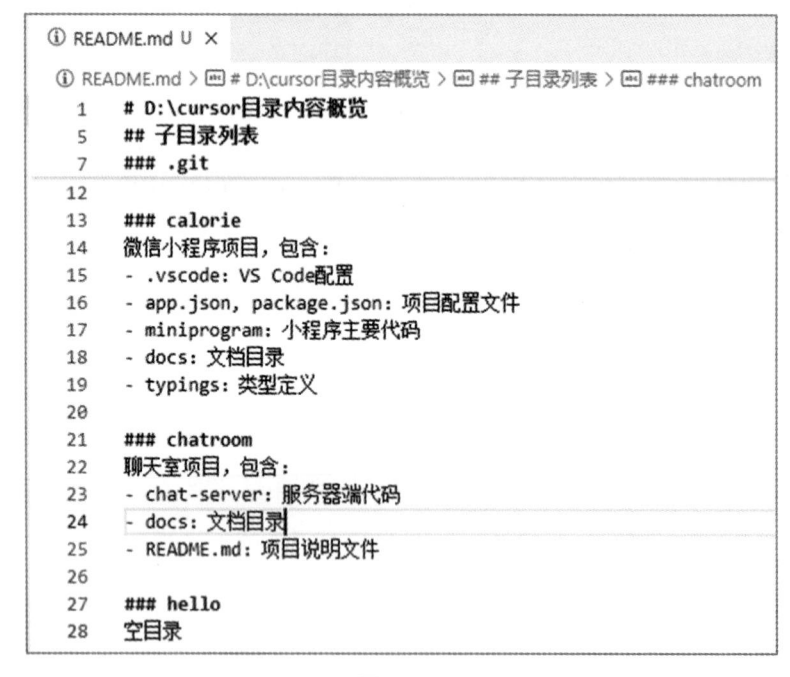

图 11-11

11.4 开发自己的 MCP 服务器

前面介绍了如何安装 MCP 服务器，如果现有的 MCP 服务器都不能满足我们的需求，怎么办呢？这时就需要自己开发 MCP 服务器。

本节将基于 FastMCP 框架开发一个操作本地 SQLite 数据库的 MCP 服务器，以这个 MCP 服务器为例演示从代码生成到部署调用的全流程。

11.4.1 快速开发 MCP 服务器

FastMCP 是一个基于 Python 的高级框架，用于构建 MCP 服务器。它能够帮助开发者以最小的代码量创建 MCP 服务器，从而让 AI 助手能够更好地与本地工具进行交互。让 Cursor 在 FastMCP 的基础上进行开发将更快、更高效地生成 MCP 服务器。

1. 生成代码

> **向 Cursor 提问**
>
> 以 FastMCP 为基础开发一个操作本地 SQLite 的 MCP Server。

Cursor 生成的主要文件如下：

- README.md：说明文档。
- requirements.txt：依赖库列表。
- server.py：MCP 服务器主文件，Cursor 调用 MCP 服务器时将执行该文件。

其中 server.py 提供了以下工具方法：

- execute_query：连接数据库并执行查询。
- get_table_schema：查询表结构。
- list_tables：列出所有表。
- create_table：创建表。

2. 安装依赖库

需要安装的依赖库已经在 requirements.txt 文件中列明，只需要执行以下命令：

```
pip install -r .\requirements.txt
```

3. 运行服务器

在安装之前，先在终端运行服务器，确认这个 Python 服务能正常运行。执行以下命令：

```
python server.py
```

如果在终端看到类似以下日志，则代表运行成功。

```
Starting server "SQLite MCP 服务器"...
```

否则，把错误信息复制到 Cursor 对话框中，让 Cursor 解决问题。

11.4.2　部署与配置 MCP 服务器

（1）进入 Cursor 设置页面，单击"Add new global MCP server"按钮，如图 11-12 所示。

图 11-12

（2）在"mcpServers"中添加以下配置：

```
"sqlite_mcp_server": {
    "command": "cmd",
    "args": [
      "/c",
      "python",
      "D:/cursor/mcp/sqlite_mcp_server/server.py"
    ]
},
```

添加完配置之后，配置文件如图 11-13 所示。

```json
{
  "mcpServers": {
    "sqlite_mcp_server": {
      "command": "cmd",
      "args": [
        "/c",
        "python",
        "D:/cursor/mcp/sqlite_mcp_server/server.py"
      ]
    },
    "desktop-commander": {
      "command": "cmd",
      "args": [
        "/c",
        "npx",
        "-y",
        "@smithery/cli@latest",
        "run",
        "@wonderwhy-er/desktop-commander",
        "--key",
        "9e906b44-8b67-████████████████"
      ]
    }
```

图 11-13

11.4.3 自然语言调用实战

现在不需要学习和理解复杂的 SQL 语法，就能查询 SQLite 中的表和数据，只要在 Cursor 中用自然语言描述需求或问题，例如：

> **❓ 向 Cursor 提问**
>
> SQLite 数据库文件 D:\cursor\words\src\database\words.db
> 这里面有哪些表？

> **🅰 Cursor 的回复**
>
> 让我为您查看 D:\cursor\words\src\database\words.db 数据库中的表：
> Called MCP tool execute_query
> 根据查询结果，D:\cursor\words\src\database\words.db 数据库中有以下表：
> users - 用户信息表
> 包含字段：id, username, password_hash, email, created_at, last_login

> 目前有 1 条记录
> sqlite_sequence - SQLite 自动创建的序列表
> 用于追踪自增字段的最新值
> 有 7 条记录
> word_libraries - 单词库表
> 包含字段：id, name, description, category, word_count, created_at, created_by, is_public
> 有 2 个单词库：CET4luan_1(1162 个单词)和 CET6luan_1(1228 个单词)
> ……
> （内容过长，部分内容省略。）

在 Cursor 的回答中，"Called MCP tool execute_query"代表调用刚刚添加的 SQLite MCP 服务器，"execute_query"是 server.py 中提供的工具之一。